动物的现实与传说

DONGWU DE XIANSHI YU CHUANSHUO

王金美 编著

中国林业出版社

图书在版编目（CIP）数据

动物的现实与传说 / 王金美编著. -- 北京 : 中国林业出版社, 2011.12

ISBN 978-7-5038-6436-0

Ⅰ. ①动… Ⅱ. ①王… Ⅲ. ①动物保护－普及读物 Ⅳ. ①S863-49

中国版本图书馆CIP数据核字(2011)第263380号

出　版　中国林业出版社（100009　北京西城区德内大街刘海胡同7号）
网　址　http://lycb.forestry.gov.cn
E-mail　wildlife_cfph@163.com
电　话　(010) 8322 5764
发　行　新华书店北京发行所
印　刷　北京中科印刷有限公司
版　次　2012年3月第1版
印　次　2012年3月第1次
开　本　787mm×1092mm, 1/16
印　张　9.5
字　数　155千字
定　价　29.00元

前　言

人类自远古时代起就与身边的动物有了密切的关系，最早的人类只会追逐猎物或被动物当成猎物追逐，彼此的关系就如同自然界任何动物之间的彼此关系一般，简单、直接。后来通过向动物学习捕猎技巧，学习动物对自然环境的适应，使得我们逐渐在自然生存中掌握了更多的主动权，变成了几乎是纯粹的捕猎者。无论是体力还是灵敏度，我们都无法与绝大多数动物相比，有人觉得是我们出色的智力弥补了种种不足，但是在原始社会，先人同猛兽搏斗时，智力的优势并不能在徒手或只有石头和木棒的条件下占到先机，我们能够最终发展到今天这一步，可以说很大程度上是得益于造物主的眷顾。我们的祖先看待野生动物的态度似乎比我们更客观，他们至少懂得敬畏自然，似乎意识到人类能够生存、繁衍，在自然的竞争中脱颖而出，并不只是由于有了更发达的大脑。于是很多关于动物的传说就成为先民们原始宗教的雏形，在达尔文之前的相当一段时间里，甚至迄今在文明的长鞭未能触及的偏远地域，还有人笃信自己是鹰或蛇的后代。

如今很少有人会把自己同别的动物混为一谈，那是因为如今通过科学的研究，有越来越多关于动物的奥秘被揭示，我们越来越觉得自己是这个地球上的主宰。有相当一段时间，我们肆无忌惮地杀戮曾经被我们的祖先所敬畏的动物，但是实际上我们经常被我们的一知半解和自以为是所误，我们像是一个懵懂的孩子，手里挥舞着“智力”这样一把可怕的双刃利器，随时有可能伤着自己：我们迄今连我们自己的身世还未弄明白，却已经将许多更不了解的物种送上了不归路，而其中有的物种很可能会在将来救我们一命。想象一下，如果金鸡纳霜在疟疾肆虐之前就已经在地球上灭绝，将会有多少人被疟疾夺去生命！

幸运的是，我们似乎已经意识到自己的鲁莽，开始努力纠正一些过去习惯的做法，重新审视我们在自然界的合适地位，包括野生动物和人类的恰当关系。祖先对于野生动物的一些朴素的观点也被我们很小心地重新评价，帮助我们做出客观的判断。关于有些动物的神秘传说至今依然左右着我们对动物的看法，直接或间接地影响到该种动物在人们心目中的形象，乃至它们的实际命运。随着科学的发展，我们已经能够看清现实和传说之间存在的差距，先人对于野生动物的知识不应只是被我们传承，在很大程度上应该得到重新认识和更新，剥去人为地附着在上面的夸大、臆想和戏剧化，还它们以本来面目。

我们在动物园，甚至野生动物园看到的野生动物不见得就是真实的动物，而许多涉及野生动物的文学作品中，对动物的阐述和描写同样带有明显的拟人化的痕迹，哪怕是一些以科普读物名义出现的作品中，同样充斥着类似神话传说般的不实描写。我很痛心地看到孩子们被这样的“故事”所误导，将自然界真实的动物当成戏剧性的角色，特别是草率地把动物分成好的和坏的两大类，在今后依然可能犯跟我们以往对待某些动物已经犯过的同样的主观错误。于是我就有了这样一种冲动，希望写一些真实的动物知识。

目前，国内有这样一种趋势：仿佛人生所有的书本知识都可以集中在儿时学完，然后凭借少年时学的东西吃一辈子老本，从这一点看，成年人所具有的包括野生动物知识在内的许多科普知识就不可避免地带有幼稚和认识不足的少儿印记。我非常希望即使不是以野生动物研究为职业的普通成年人，也会有兴趣读一点适合成人的动物知识。

当然这不是一本描写动物趣味故事的少儿读物，虽然我同样会竭力用一些非专业工作者也能理解的词汇来阐述动物生态、行为和心理方面的专业知识，虽然动物仍是其中的主题，却不见得是真正意义上的主角，我希望借动物来说明我们对动物的看法。从这一方面讲，说它是一本带有点儿哲学意味的书也不为过。有些叙述或许会颠覆很多人长期以来对动物形成的固有看法，但出发点肯定是严肃的，没有故弄玄虚的噱头。耐心读完本书，可能会使您对人与动物的关系进行重新的思考。

王金美
2011年10月

目　录

前　言

第一章

动物——会动的物体？

我们很多人，包括为数众多的成年人都弄不清动物的概念，有人认为老虎是动物，麻雀是动物，甚至青蛙和蚊子也可以算是，但却不认可我们体内的寄生虫和显微镜下蠕动的、没有眼睛、鼻子的小东西也是动物。用通俗的词语真的很难明确地表述“动物”的概念，将专业用语翻译成大白话，“动物就是靠吃外界食物养活自己的生命体”。

实际上自然界的许多生命依然不能用这样的定义来验明正身，譬如说，草履虫被当作最原始的单细胞动物，但它们能够像植物那样通过光合作用获得能量；猪笼草和茅膏菜虽然是典型的草本植物，却懂得捕捉小昆虫来作为营养来源。于是有的人就干脆这样认为：凡是能按照主观意志活动的生命体就是动物，按照那样逻辑，顾名思义，动物就应该是会动的物体。

我们当然可以给动物的概念添加更多的前缀定语来使描述更为精确，诸如从细胞结构、DNA序列特点等方面来加以说明，但是“活动物体”的概念似乎更容易被不想成为严谨的生物学家的大众所接受。虽然为数不少的珊瑚和海绵在出生之日起就像植物那样不能到处乱跑，但是它们也是不折不扣的动物。

然而，这样的简单定义却容易使大家把动物与那些不动的“物体”进行并列比较，而忽略了动物更深层次的感觉、能力和情绪方面跟我们人类存在的共同点和相似性，从而将它们十分明显地与人类相区别。我们不是经常可以听到和看到关于“人与动物”这样的提法吗？在很多人看来，人与动物是存在本质区别的，有时候，这样的区别甚至不亚于天壤之别，在我国，如果说某人是“畜生”，绝没有将对方与动物进行相互比较的意思，而无疑是最具侮辱性的贬损语言。

冷静地想一想，该怎样给“人”定义呢？难道人的变化真的已经超越了动物和植物那样的差别，成为自然界的“第三类生命形式”了吗？当然不是。人依然不折不扣地属于动物，以前我们认为的只有人类才具有的制造工具和逻辑思维能力的特性如今也在有些动物行为中被发现，人们标榜的理性和道德观现在也被证明并不是人类的专利，我们的很多品质只不过比动物们更明显而已，有时候只能用“运气”来解释为什么人类当初能在自然界脱颖而出。现代人不相信上帝造人，但是迄今也拿不出人是怎样进化而来的明晰证据。如果真的是那样，我们有什么理由看不起只是运气比我们差一些的其他生命形式呢？

第一节　动物的感觉

有充分的理由相信，跟我们的祖先比起来，我们在很多感觉和敏捷度方面是退化了，让现代人用祖先的原始工具去捕捉动物，相信多半会失败。几个世纪前，保持着部分原始生活习性的阿拉伯和印第安土著能凭嗅觉发现数千米以外的水源和猎物，在现代人听来像是天方夜谭，但是从客观的角度考虑，如果不具备这样的感觉能力，光用石头、棍棒那样的原始武器就想捉到灵敏的猎物是难以想象的。

在很多时候，我们感受到的世界跟动物们感受到的世界有很大的不同，这不是实质上的不同，而只是认识角度的不同，因为我们经常不能从动物的角度去观察它们的世界。科技和工具改变了人类的进化道路，对各种人造产品的依赖使我们越来越远离动物的自然天性，成为一种必须依赖诸多客观条件而存在的“不完整动物”。我们在许多感觉能力上的退化，使得我们按照人类的标准去看待野生动物的感觉能力时容易产生一些判断上的失误，我们自己看不见的东西就以为动物也看不见，我们觉得没有气味的东西就认为动物也闻不到，于是对动物的某些行为产生了很玄的猜想，甚至有时将动物的行为进行神化。

野生动物们在赖以维生的感觉方面的能力至少没有像人类那样退化，当然，不是所有的动物在各方面的感觉能力都是出类拔萃的，它们也要根据生活环境和生活习性的需要，对某些感觉能力进行巩固和强化，而有些次要的能力也相应地退化了，就像人类发明了火器之后，猎人不再需要用能够与野生动物赛跑那样的速度去追赶猎物一样。

动物的感官感觉

【视觉】

视觉是所有在空中活动的鸟类必备的能力，在开阔地面上活动的哺乳动物同样要依靠视力来得到食物和逃避天敌。跟我们许多人传统的想法不同的是，许多野生动物的视觉跟人类的视觉有很大的差异，它们眼中看到的物体跟我们看到的景象经常会有所不同，它们周围的世界或许不像我们见到的那么丰富多彩，它们只看到它们想看的东西，对不相关的东西常常视而不见，这是最有效率的视觉模式，不会因为看到无关的东西而分心。

视觉应该被分成对物体细节、色彩、距离的辨别能力，视野开阔的程度，对光线的敏感程度以及用目光集中注意力的能力等多个方面。

上述各项能力均出色的动物种类并不是很多的，很多视力出色的动物对色彩的感觉却出奇的差，还有不少动物只能分辨运动着的物体，而对近在咫尺的物体视而不见。已知鸟类和鱼类中具有斑斓色彩的种类大多具有很好的色彩感觉，虽然不乏色盲的例子，但是雄鸟和雄鱼用鲜艳的色彩吸引异性本身就能说明问题。

有的鸟类和昆虫对紫外线、红外线这类人眼看不到的光谱非常敏感，以至于被人们认为有好得出奇的视力，譬如，鹰隼类昼行性猛禽可以看到啮齿类和兔类的新鲜尿液在草叶上反射的紫外线光，蜂、蝶等授粉昆虫对花朵的紫外光也十分敏感，比具有多彩视觉的动物更容易确定目标的方位。

跟人的视觉模式不同，野生动物们很少有注意细节的习惯，它们很少专注于不动的物体。有经验的观鸟者会在鸟不注意时疾走，而在鸟注意到你时站住不动，这样走走停停，可以走到很近的距离进行观察。捕食活物的动物通常对活动物体极其敏感，典型的例子是蛙类和蛇，许多种类的蛙、蛇对眼前摆着不动的食物视而不见，以至于在饲养这样的动物时需要为它们专门准备活食。在很多情况下，昆虫在遇到蛙、蛇时装死不失为一种有效的生存策略，譬如，有的昆虫在受到惊吓时本能地会昏厥。但是这并不是对付所有捕食动物的好办法，如在那些本来就有吃死尸习惯的动物面前，装死无疑是极其愚蠢的做法。猫科和犬科动物是少有的能够专注地盯着对方的种类，它们尤其注意对方的眼睛，对手的任何恐惧反应都能够被它们洞悉，它们同样也是能吃死尸的种类。

捕食活物的动物通常具有较好的重合视野，双眼同时盯住对象，便于判断出目标的实际距离，以帮助做出何时发出致命一击的决定。而那些被捕食的动物（如兔子和大多数鸣禽）则具有广阔的视野，眼睛突出于头部两边，可以看到周围将近360度的景物，所以想要从背后不被它们发现地偷偷接近常常是徒劳的，由此造成的不足是它们两眼视野重复区域很小，对于目标距离的判断常常不准确，受惊的兔子一头撞在树上的情况确有可能发生， 这样看来“守株待兔”应该是有可能性的；疾飞的小鸟也特别容易撞在玻璃上，并不是它们看不见玻璃，而是无法判断这亮晶晶的发光体离自己到底有多远；猫头鹰是将视力运用到近乎极致的种类，两眼几乎处在一个平面上，视野像人类一样，对物体距离的判断十分准确，它们的头部可以做200度以上的转动，弥补了视野狭窄的不足，这样的视觉模式，使得它们的捕食成功率出奇的高。

我们常会惊异于有些动物在黑夜中的视力，那是因为它们视网膜的基底有一层反光物质，可以使映在视网膜上的物体影像的光线增强，从而使看到的图像质量大幅度提高，因为那样，当有光线进入到这些动物的眼中时，它们眼睛中会反射出明亮的光，仿佛两盏小灯。狼和狐的眼睛就属于这种情况，并不是它们的眼睛本身会发光，实质上是灯光照在镜子上产生的效果，没什么神秘诡异可言。绝大多数的鸟类都在白天活动，给人的印象是它们在黑夜里是看不清东西的，其实并没有我们想象的那么绝对，有一个事实是，许多小鸟都是在夜间迁徙飞行的，夜间被惊飞的鸟不会昏头昏脑地撞到树上，这些小鸟在夜间的视力其实一点也不比我们差。

一些典型的夜行性动物在白天只有模糊的视觉。这类动物的眼睛瞳孔很大，当强光进入眼中时会产生眩晕。如猫头鹰，在白天会尽力隐藏自己，不得已飞起来时也是摇摇晃晃如同醉汉，所以它们经常在白天忍受小鸟的聒噪甚至攻击而无还手之力，让人看了觉得不可思议。

凝视的东方角鸮

从某些动物的眼睛形态上可以大致知道它们的生活习性。例如，在爬行动物中，凡具有竖线形瞳孔的种类都是夜间活跃的种类，那样的瞳孔在阴暗光线下可以像窗帘那样充分打开得很大，而我在有的书上却看到这样的描述："毒蛇的眼睛多为竖形"，这种说法显然是片面的，像眼镜蛇那样的典型毒蛇，眼睛瞳孔就是圆形的。最奇特的是乌贼的眼睛，瞳孔是波浪形的，适合分辨水中物体的密度，一些通体透明的鱼虾照样逃脱不了它们的"法眼"。

有趣的是，动物的眼睛构造并不因为动物身体构造的复杂而变得更复杂，最简单的草履虫只有一个细胞，却有着对光线敏感的"眼点"；亚马孙河中的淡水豚是很高级的哺乳动物，眼睛也只能起到类似草履虫"眼点"那样的作用；软体动物中的乌贼是比较低等的动物，但是其眼睛的构造要比许多鱼类的眼睛复杂得多。

视力对于动物生活的作用有时也会被我们过分地夸大。有许多瞎眼（或几乎瞎眼）的动物依然可以生活得很好，兽类中的蝙蝠、鼹鼠和淡水豚，鱼类中的盲鱼，爬行类中的盲蛇都是其中的代表，这些动物以其他杰出的感觉功能取代了视觉，在黑暗或浑浊的环境中生活得很自在，还能避免受到依赖视觉捕食的天敌的伤害。我们熟悉的狗也是“近视眼”，看几十米以外的东西是模糊一片，如果在远处用手势召唤你的爱犬时，别忘了采用动作幅度大的手势，以便犬能看清你的指令。相比之下，鸟类的生活比较依赖视力，高速飞行时需要对景物做出提前的判断，为了避免液体的眼球在高速飞行时变形而影响视力，鸟类的眼球前部有一圈巩膜骨起固定作用，眼睛里面长骨头的情况算是一种为了保持良好视力而产生的、非常特别的适应。国外的科学家曾做过这样的试验：把蒙上眼睛的鸡放养在群体中，它们依然可以自如地活动和觅食，说明在极端情况下，即使是鸟类，也可以适应失去视力的现实条件。

【听觉】

比较高等的动物都有发达的听觉，在兽类中，具有大耳朵的动物，如

聆听周围动静的斑马

象、鹿、兔、狐那样的动物可以听到人耳无法听到的极轻微的声音，甚至可能包括次声波；蝙蝠和海豚可以用超声波进行联络或探索周围的环境，它们能够听到人的耳朵无法感知的声音。我们有理由相信，我们的世界一定比许多鸟兽能听到的世界安静得多。在寂静的屋子里堵上蝙蝠的耳朵，它们就会到处碰壁，表明它们能够凭借一些我们听不到的音波来进行导航；大象可以给数千米以外的同伴传递消息，这是因为它们可以发出和接受我们听不到的次声波，在“默默无闻”中进行远距离联络！在科学尚不发达的年代，古人们只能用各种传说来解释这样的现象。

对于没有耳朵，确切地讲是没有外耳的动物也有很好的听力则常令有些人感到困惑。谁都知道鸟有很好的听力，但是说起鸟的耳朵，肯定会让很多人感到陌生。根据一般规律，善于鸣叫的种类必定具有相应的听力，不然的话，利用叫声联系同伴就没有任何意义了。鸟类不仅能听到声音，而且听力不逊于别的动物：啄木鸟能够听到天牛幼虫在树木段中活动的声音，而猫头鹰可以根据老鼠的叫声或走动的声音，在全黑的环境下把老鼠抓住，有的猫头鹰还可以凭借听力的定位，从雪堆下抓出隐藏的鼠类，不明就里的人还以为它们的视力具有X光般的穿透力呢！猫头鹰是少数具有左右不对称耳道的动物种类，这样的耳朵使声音传入的时间有细微的差异，更便于判定声音的具体位置。我们可以看到它们在出击前奇怪地转动头部，目的就是为了从不同的角度收集声音。

在人们经常接触到的动物中，没有听力的情况是相当罕见的。按照人们的一般逻辑，至少应该在头上有能够收集声音的器官——耳朵，才能产生听力，但是在一些蛇类、鱼类和昆虫中我们找不到那样的器官，而它们确实是具有听力的，这是怎么回事呢？原来它们的耳朵并不长在头上。举例来说，雄性蟋蟀和蠡蟖以鸣叫吸引雌虫，它们必然具有听力，尽管它们的头部确实没有感觉声音的器官，但在它们前肢的末端却衍生出具有听觉功能的结构；很多鱼的体侧中间有一条侧线，是在鳞片上的一系列“隧道”组成的感觉神经，其中就有感觉振动的功能，当岸上的声音传播到水面，然后通过水的传导作用引起水的振动时，附近的鱼儿就能感觉到，并做出反应，应该可以说它们听到了声音。虽然它们可能无法辨别声音的意义，但是可以听到“无声的声音”——水的振动，包括附近动物经过时造成的波动；不少书上都说眼镜蛇是聋子，不能听到任何声音，那些印度弄蛇人吹的笛声是一种纯粹的噱头，他们是通过用脚在地上打拍子让蛇感觉到的，这样的说法真的科学吗？物理学上给声音的定义是：在空气（或其他介质）中传播的振动产生声音，听觉是对这样的振动产生的感知反应。如果那样的话，眼镜蛇感觉到振动算不算是具有听觉呢？假如它们能感觉到笛声扰动空气的振动，并有所反应，算不算是听到了笛声呢？我觉得应该算。北美的响尾蛇具有能沙沙作响的角质尾节，如果它们没有听力而具有这样的发声器官，简直就太不可思议了：它们怎么能利用自己无法感觉到的功能来影响它自身的行为呢？从解剖学上看，响尾蛇和眼镜蛇在听觉器官上并没有实质性的体现，或许，它们腹部的鳞片就像鱼类的侧线那样，是一种极端另类的“耳朵”。

人类很早就懂得利用声音来诱捕猎物，先民们最早制作骨笛的动机很可能是为了发出吸引猎物的哨声，让猎物自投罗网。好奇的考古学家吹奏数千年前遗址中发掘到的骨笛，依然能成功地将现代野外环境中的雄鹿吸引到身边来，不由让人啧啧称奇。动物对声音的辨别能力可能不像其他感觉那样精确，这可能是野生动物行为中的薄弱环节。当然，除了人类以外，一些捕食动物也学会了这样的把戏，例如，响尾蛇发出的类似流水的沙沙声，在干旱沙漠地区对干渴的小动物就很有诱惑力；伯劳鸟躲在茂密的树丛中模仿小鸟的鸣叫，也很容易让前来寻找同伴的小鸟中招。

【嗅觉】

嗅觉是人退化得最厉害的感觉，所以野生动物的嗅觉最让我们感到神奇。许多动物实际上主要是通过嗅觉来寻找猎物和躲避敌害的，一些物种的嗅觉之灵敏简直到了匪夷所思的地步，狗具有我们认为极好的嗅觉，但是跟自然界的一些动物相比，又简直是“小巫见大巫”：雄蛾子能闻到十几千米外雌蛾发出的性激素气味；鲨鱼也可以觉察到数千米以外水中几滴血的腥味；即使是我们认为的“蠢猪”，其实嗅觉一点儿也不比狗逊色，特别是对于植物气味的感觉，更令狗望尘莫及，所以现在已经有西方国家用“警猪”代替“警犬”来稽查毒品。动物们的嗅觉像它们的视觉一样极其讲究“实用性”，它们只对与自己生活有关的气味敏感，譬如说以追踪猎物的能力著称的猫科和犬科动物对于动物的排泄、分泌物气味十分敏感，而对植物散发的气味就比较迟钝；食草动物则对于植物气味的辨别技高一筹，它们很少会因为误食有毒的天然植物而中毒。人们经常不合适地把我们自己的嗅觉跟野生动物的嗅觉作比较。相对而言，我们人类的嗅觉

马来熊具有极好的嗅觉，弥补了视力不够敏锐的缺点

太迟钝了，正因为这样的缘故，有时会使我们在跟动物打交道时处于十分被动的局面：我们会浑然不觉地踩上怒气冲冲的毒蛇，或者从老虎的尿液标记边上大摇大摆地走过。

自从采用了直立行走的生活方式之后，我们就不可避免地以牺牲部分嗅觉功能作为代价，而且，人的嗅觉越来越带有文明的意味：我们习惯地采用香味剂来掩盖我们不喜欢的气味，在本色的食物中掺进香精以刺激食欲。这样做的结果是我们的嗅觉被不断地欺骗，以至于在本来已经削弱的嗅觉上更丧失了客观的判断能力。

你知道狗为什么喜欢攻击心存畏惧的人吗？那是因为它闻到了胆怯者异常分泌的肾上腺素量的变化；据说兀鹫能够预感到死亡的来临，它们的依据究竟是什么？或许就是三磷酸酰苷（ATP）在机体中代谢失衡的变化，除了嗅觉，我想象不出它们还有什么方法可以觉察到这种变化。能够将内分泌物的气味闻出来，动物们真是将嗅觉功能发挥到了极致。

营飞行生活的鸟类一向被认为是缺乏嗅觉的族群，照我们的想法，飞得那么高，地上的气味对鸟类的生活意义应该是微不足道的。但是如果你抱着这样的观点，就很难解释以下的现象：秃鹳从厚厚的沙土下扒出爬行动物的蛋作为美味；鸦科的鸟类将种子埋在土下作为预备粮；很多小鸟“本能地”避开有毒的昆虫，而不是每次都要等到尝一尝后才知道上当……国外的鸟类学家做过这样的试验：他们将两根树枝安放在环境相同的地方，在其中的一根树枝上做了用盐水浸泡并晾干的处理，结果惊异地发现，各种鸟类在咸味树枝上停留的次数和时间明显多于普通的树枝，它们当然可以通过品尝得知树枝上有它们喜欢的盐分，问题是，在落到这样的树枝上之前，它们是如何知道脚下的树枝是咸的呢？除了推想盐也具有某种特殊的气味，并且这样的气味能被鸟闻到，我想不出还有对于这种现象的更合理的解释。我们经常发现鸟在粪堆中捕食蝇蛆，或者看到它们吃一些气味很难闻的浆果，就以为它们没有嗅觉，实际上，很可能是它们的嗅觉感受方式跟我们有很大的不同罢了，有些我们不喜欢的气味，恰恰是它们喜欢的。

水能够很大程度地拢住气味分子不使其飘散，使单位面积内气味分子的密度增加，从而更容易让嗅觉器官感受到，因此可以解释为什么狗的鼻子经常要保持湿润。同样可以相信，鱼类的嗅觉灵敏程度也很高。你将养有凶猛捕食性鱼类的水箱中的水舀一勺放到另一只养着温和小鱼的水箱中，会引起小鱼们的恐慌；美洲的盲鱼在几乎全黑的水中生活，它们没有触须那样的触觉器官，除了相信它们有非同一般的嗅觉，你认为它们还能够靠什么感觉找到食物呢？

【味觉】

通常认为，野生动物很少有人类那样复杂的味觉机制，因此它们很少有人类享受美味那样的乐趣。通常的解释是，它们能够得到食物已经付出极大的努力了，无暇顾及食物味道如何。

几乎所有的大型食肉动物都不同程度地食腐，在这样的情况下，迟钝的味觉有助于吞下在我们看来已经是令人恶心的食物。有研究表明，人的味觉和嗅觉经常是相互作用的，当我们闻不到食物的气味时，其味道也不能很好地被我们感受到。动物的情况是不是也跟人类相似呢？在这方面的研究目前还很缺乏。已经有资料表明许多动物会不加选择地吞进味道明显与常规食物有很大差异的物体，诸如塑料袋和金属物品。按照人们的逻辑推理，它们应该是缺乏良好味觉的，但是不能解释为什么嗅觉好得出奇的狗和鲨鱼会闻不出食物和非食物的差别，或许，某些动物的味觉机制跟我们的存在极大的不同？

我个人将动物误吞非食物物质的现象归因于它们“狼吞虎咽”的习性。猴子和啮齿类动物的颊囊便是尽快地把食物纳入口中的器官，在食物随时可能失去的情况下，吃得快就意味着得到更多的食物，所以它们尤其容易在未及尝味的情况下，把没有明显刺激性味道的、外形同天然食物相似的人造物品吃下肚去。在水中漂浮的塑料袋酷似水母，在海龟的经验中，除了水母之外，不可能有其他东西是透明而漂浮的。在稍纵即逝的捕食机会前，动物无暇对“食物”仔细辨别，不能单纯地将误吞归咎为缺乏味觉。

通过观察发现，很多动物在人工饲养条件下存在挑食现象，这是一种它们确实存在味觉的信号。在野外生存时，这样的动物没有挑食的习惯，太大的生存压力使味觉受到抑制的可能是存在的。如果动物在自然界获得某种食物后安全而无异常，那么它们就可能一直认准这样的食物，所以有盗食家畜习惯的豹子会多次盗猎同样的家畜，吃过人的虎比别的虎更热衷于袭击人，

海龟对于人造物体没有概念，误将塑料袋当成水母吞食

它们可能倾向于对特定食物的味觉形成定式。

自然界有很多动植物都是有毒的，奇怪的是在野外很少见到自由觅食的动物因为吃有毒物质而中毒，它们是凭借怎样的机制来知道食物的性质的？我们可以用学习的过程来解释人类孩子在这方面的能力，但是自然界中很多动物的后代根本不跟上一代一起生活，那样的知识又是通过什么途径学习到的？遗传的本能不能完美解释所有行为方面的现象，相信遗传还不能详细到告诉后代具体哪些昆虫和果子是有毒的这样的程度，比较可信的途径是动物本身就具有辨别有毒物质的能力——味觉。

对食物进行咀嚼的动物可能有较好的味觉，吞咽进食的种类味觉可能要差些，所以鹦鹉是懂得尝味的鸟，那些软舌的素食动物应该比食肉动物更有口福。

方向感和时间感

候鸟的迁徙之谜到如今都未能彻底解开，因为站在人的角度，有许多现象是难以解释的。北极燕鸥每年飞行数万千米往来于南北极之间，自人类发现这一现象以来，它们的迁徙线路从没有更改过，这一切似乎只能用遗传来解释。

有些目前解释不清的现象不能一概用笼统的“遗传”作为解答。动物具有方向感不仅仅是北极燕鸥那样极端的例子，譬如说，鸟类要选择合适的树丛作为营巢的地点，这样的地点要根据栖息地的实际环境条件来选择，毫无规律可循。特别是鸟儿每天可能要飞到几十千米以外的地点去觅食，每次都能准确无误地回巢，在偌大的森林里，要找到隐蔽得与环境融合为一体的巢不是光凭视觉、嗅觉就能做到的事；我们把赛鸽送到陌生而遥远的地方，而且每次的地点均不同，它们都能找到回家的路，这样的情况与北极燕鸥每年沿固定路线迁徙的情况又有所不同，即使其中有遗传的因素在起作用，我相信能遗传的必定也只能是某种能力（譬如说对于方位的感知能力）而不是结果和过程。肯定有某种导航机制帮助鸟回家——地磁？偏振光线？星辰？特殊气味？或者是别的我们尚不能设想的原因？至于是哪种因素在起作用，目前还不能确定，或许都有一些。

科学家用赛鸽进行了多项实验，譬如说给它们戴上磁块、偏振眼镜和各种稀奇古怪的仪器，但是实验结果总不尽如人意，因为作为实验对象的赛鸽不会完全按照我们的意愿去飞行，即使不附加任何仪器，赛鸽有时也会一去不复返，或是在路上慢吞吞地盘桓，让我们无法将仪器产生的效果同实际发生的结果联系起来。

鸟类的活动地域通常都比较广，认路似乎是它们的一种基本功，即使不是候鸟，平时活动范围仅有几千米的留居型鸟类被装在暗箱中带到遥远的地方放飞后，依然有很大部分能陆续回到原来的栖息地生活，有的甚至还能找到原来的巢。如果说候鸟的迁徙是出于遗传本能的话，近年来有些候鸟却一反常态地留在某些地区不再迁徙的现象就令人困惑，在几年内彻底改变遗传习性，用一般的生物学理论是解释不通的。鸟类方向感的形成机制实在太复杂，以至于有的动物行为学家戏谑地说，除非我们自己也变成鸟，否则可能永远都无法确切知道它们的许多秘密。

海洋中的某些鲸、鱼类、海龟也能在繁殖地和平时生活的地点之间进行长达数千千米的洄游。兽类中也有迁徙现象，例如，北半球的北美驯鹿群和南半球的非洲角马群大规模长途迁徙的壮观景象年复一年地上演着。对于这

迁飞的雁群

些活动更有规律的动物类群的迁徙习性的研究，已经揭示了一些动物具有方向感的秘密：鱼类的洄游生殖很可能靠嗅觉导航；海龟可能懂得利用地球磁场辨别方向；而在驯鹿和角马的迁徙途中，环境温度和植被可能在一定程度上起到引路的作用。当然，这些都还远不是最终的结论。

动物具有的时间感也是令人惊异的。从大的方面讲，候鸟的南来北往具有很强的时令特点，不管当年的气温是否偏高或偏低，它们出发的日子每年大致都是固定的；动物们每天都差不多在固定的时间里醒来，固定的时间休息，仿佛有日历、闹钟提醒的一样，动物生理学家把这种不自觉的确定时间的精确机制称为“生物钟”。按照“生物钟”理论的阐述，生物机体中产生有规律的生理活动，使生物体明显具有周期性的活动规律（简称节律），至于这样的周期性规律的形成机制，人们已经进行了很多研究，但我们还不能圆满地回答所有问题。人体也受这种“生物钟”的支配，我们在不戴计时工具时依然有比较准确的昼夜、时间感，你能说清其中的缘由吗?

对于这一节的内容，我无法给出结论性的东西，除了表明我自己知识的贫乏外，在一定程度上也说明我们对于身边的自然了解得还很有限，需要我们不断探索和研究。

奇妙的第六感觉

因为没有可重复操作的实验手段可以证明这种“很玄的”预感的真实存在，在科学的阐述中，“第六感觉”往往被认为是形而上学的东西。

但是在动物世界中，有关动物“第六感觉”的情况确实存在。有些以前认为的动物具有奇妙感觉已经被证明是有合理的解释的：譬如传说狗能揣测主人的意愿，其实是狗闻到了主人因情绪变化而产生的内分泌物质的气味；传说大象在预感末日来临时会离群走到秘密的“象冢”等死，其实那是偷猎者蒙蔽外界的一种托辞，用“发现象坟”为大量得到象牙找到借口而逃避惩罚；有些动物的异常行为通常只是我们一种情绪化的反应，譬如说猫头鹰多在有重病人的住所附近鸣叫，其实它们在夜间鸣叫是经常发生的事，人们多半只有在夜不能寐的情况下才会留意到它们的叫声……

草原上的一只老鼠被一种新型鼠药毒死后，方圆数平方千米内的鼠辈几乎立刻就得到了消息，以后很难再用同样的药毒死老鼠，其消息传播速度之快，只有高音喇叭的广播能与之相比，要知道，鼠类是以小单位分散居住在

聪明的山雀

洞穴中的，消息是怎样迅速传播出去的呢？怪不得在草原上灭鼠的时候要组织大量的人力同时投药，并且有人开玩笑地说，投放老鼠药不能大声说，否则老鼠听到后会通风报信；山雀是广布全球的小型鸟类，它们通常只在当地生活，没有迁徙的习性，不知哪一年起，英国的山雀学会用喙撕开奶瓶的铝箔封盖喝牛奶，很快，欧洲大陆的山雀也学会这种把戏，接着是大西洋彼岸的北美洲，那儿的山雀也学会了这样的方法。没有实际的交流，远隔重洋的鸟是如何传播这样的取食本领的？

我记得西方有个严谨的生物学家提出了一种“信息场”的理论，他认为全球的生物有一种特殊的机制，它们能够利用“信息场”在全球范围内向同类传播信息，我个人觉得这样的理论虽然目前听起来还比较“玄”，不能被大多数具有传统思维的人所接受，动物的神秘行为时常考验着我们的想象力，或许，我们有时要尝试着用超常规的思维去寻找超常规问题的答案？动物世界中还有许多惊人的潜能未被我们发现，对于这些行为奥秘的揭示，不仅对仿生学领域大有启示，而且对于我们重新认识自然，改变对我们的动物伙伴乃至对整个世界的看法都大有好处。在研究和进一步认识动物时，不要把客观存在的现象神秘化，科学不相信神话。

第二节 动物的能力

如果立足于人比野生动物优越的角度去看待动物的行为，对于野生动物有些超越人的能力缺乏客观的了解，在解释不了的情况下就容易产生臆断，甚至迷信。动物不如我们的地方有很多，但是涉及它们生存与否的某些能力，在自然的竞争中就必须得到最大程度的强化，捕食和被捕食动物展开较量时，双方都将自身的能力发挥到极致。

动物的能力受到体力和智力的影响。很多时候，我们比较容易理解动物的跑、跳、捕食这样与体力相关的能力，而不愿接受动物具有学习、思维、策略和较高形式的社交等与智力相关的能力。现代人跟野生动物打交道的机会很少，所见的多是很肤浅的动物行为，大众对动物的深入认识多来自家养动物，尤其是近年来精养的宠物，因此宠物的主人们是比较能够客观看待动物智能的人群。虽然家养的动物在被豢养的过程中，与典型的野生动物已有区别，不过我还是会以一些大家熟悉的家养动物作为例子，便于大家的理解。

认知和判断能力

动物有没有自我的意识？按照我们的逻辑，当一只鸭子跟其他的鸭子在一起时，应该能够意识到自己也是只鸭子，但是实际情况要复杂得多。动物学家把镜子放在不同的动物面前，得到的结果五花八门：

黑猩猩和海豚似乎有自我认知的能力。黑猩猩能利用镜子整理自己的脸，海豚非常迷恋自己的影子，在面对自己的影像时，并不采用跟同类打招呼的姿态，显然知道那只是自己的影子。对于较大型的齿鲸类的实验结果也类似，表明它们是具有较高智力和意识力的类群。

我多次见到游客把镜子或相当于镜子的东西扔给猕猴，许多猴子第一次照镜子的表情千奇百怪。雌猴大多是受惊的表情，很快就把镜子扔了；等级较低的雄猴显得很迷茫，会反复调过镜子观察背面或是将镜子在石头上蹭磨，然后再次观察，直至镜子被弄坏；猴王的态度则比较极端，大怒或者大惊，很快把镜子弄坏。之所以有各种表情，总的来说可能还是缺乏认知能力造成的：猴群的雌猴之间都有比较亲密的关系，如果群体中突然毫无征兆地出现陌生的雌猴而其他猴子却没有异常举动，雌猴当然有理由惊慌；普通的雄猴在群体中的生活是比较松散和压抑的，它们不会太留意除头领以外的其他普通雄猴的存在，只是对镜中的陌生面孔感到几分疑惑；猴王的态度是很容易理解的，镜中那张很自信的脸理应只有首领才能有，可是这群猴子中只有自己才是头儿，那家伙是哪来的？如果它们能够意识到镜子里的影像就是自己，就不会出现上述的戏剧性行为，而应该像黑猩猩和海豚那样泰然自若了。

野鸟辨认同类的能力很强，但是似乎普遍缺乏自我认知。人工从小养大的鹦鹉和文鸟到了性成熟期甚至会向熟悉的主人，或主人的手求爱，存在明显的角色错乱现象。有结群习性的早成鸟对同类的认知很大程度上依赖出生后的第一印象；晚成鸟的认知过程是通过接受喂食来实现的。也就是说，如果（早成）雏鸟出壳后一段时间只跟人接触，或者（晚成）雏鸟是由人喂养大的，那么雏鸟长大后就会以为自己是人类的成员之一，这样的鸟在成熟后常由于与真正的同类交往出现障碍而无法再过正常的野鸟生活，尽管它们在体能方面并不比野鸟逊色。大多数野鸟都会攻击自己在镜子中的影像，极端的情况下甚至撞得头破血流。需要说明的是，要让鸟产生这样的行为，必须将镜子放在鸟巢或附近，而且镜子要直立放才行。鸟在自己的巢区内比其他（同性）同类更有优越感，即使对方比自己强有力，闯入者十有八九会主动退却，这是鸟类中的普遍规律。对于繁衍周期比较长的鸟类来讲，这种特性是十分必要的，这样就保证了原有配偶的繁殖延续性不被打断，避免导致卵或雏鸟的夭折。即使平时怯懦的亲鸟出于本能的勇气也会猛攻镜子中的“对手”，而它们认为的入侵者也“屡战而不退”，因为有悖鸟的自然习性，结果经常是鸟儿被自己斗得“筋疲力尽”。平放的镜子很少能引发鸟的争斗，有的鸟会轻啄镜子中的倒影，以为那是一汪水，而对里面的倒影没什么特别的反应。另外说一下，像火烈鸟那样只有在集群时才有安全感的鸟类对镜子没有任何的反感，实际上，在收养火烈鸟数量不够多的动物园，安放大镜子可以人为地增加许多虚拟的火烈鸟，从而满足它们只有在一定数量下才能人工繁育成功的条件。火烈鸟对镜子里的鸟处之泰然不能表明它们能够自我认知，因为如果它们能意识到镜子里是自己而不是同伴，那么就不会被虚假的安全感所欺骗而开始繁殖了。

鱼类的情况跟火烈鸟的情形类似，在贴有镜面纸的水族箱中，鱼儿对自己的影子没有自我认知的表现，这跟它们的智力水平有关。在繁殖时有领域性，营一雌一雄夫妻生活制的鱼类会本能地排斥自己的影子，漂亮的雄性热带鱼会在自己的影子面前竭力炫耀自己的美丽，镜子常被用来刺激它们的表演欲。

爬行动物中只用气味分辨目标的种类对镜子的把戏不屑一顾，只有鳄鱼会对镜子中的自己感兴趣，说明鳄类在进化水平上更胜一筹，但远没有达到能认识自己的程度。

有些动物的认知模式令我们感到很奇怪，譬如说部分鸟类能精确认识自己巢所在的位置，却不认识自己的卵和雏鸟，有时候把与它们原来的卵有很大差别的石块和木块放到巢中，它们也照孵不误。它们经常表现出偏爱较大的卵和雏鸟的倾向，会放弃自己产的卵而转向几乎跟自己身体一样大的假

一只莺在喂养自己带大的杜鹃雏鸟

卵。哺乳动物在繁育期受激素作用的影响，也乐意接受并非己出的后代，而对于这些“冒牌货”的外形跟自己幼仔显然不同的实际情况却视而不见，所以动物园经常用哺乳期的母犬代哺缺奶的猫科动物幼仔，工作人员要做的只是把犬的分泌物涂在被寄养动物的身上混淆气味就可以了。这样的行为方式虽然从人类的角度看有点不可思议，但是在自然的逻辑中却经常是行得通的，动物通常不会把自己毫无抵抗力的后代送到别家的嘴边上去，所以在巢中的毫无疑问一定是自己的后代，根本没有必要加以辨认。自然界的部分鸟类，如一些种类的杜鹃、维达雀和椋鸟就充分利用了部分鸟类盲目认知的特性，把自己的卵产到其他鸟的巢中，让其他鸟代为哺育。有时可以看到一些莺类卖力地哺育比自己大得多的杜鹃雏鸟，因为雏鸟实在太大，以至于出现亲鸟只能站在雏鸟背上喂食的奇怪一幕。

从捕食动物进攻猎物的成功率上可以检验它们的判断能力。令人惊奇的是，在脊椎动物中，相当多的种类都能客观地判断自己和对手的实力，避免自不量力的冲突。几乎没有哪种野生动物会冒险攻击有可能使自己受伤的对手，因为受伤就意味着失去捕猎或逃避敌害的能力，终究难逃一死，从行为学上来讲，与对手两败俱伤是非常不明智的行为。我们经常在动物科普读物中读到诸如熊、虎相斗，或狼群几天守在困于沙漠的汽车旁与人僵持的情节描写，其实动物在有退路的情况下很少殊死搏斗。在实际情况下，即使是像虎那样的猛兽在面对一头决定抗争到底的雄鹿或公牛时，也常会悻悻地放弃。动物的判断能力很多都是在成长过程中向父母或群体中的同伴学习得到的，遗传可能起到一定的作用，但是必须在实际的环境中得到锻炼才能运用自如。食肉动物的幼仔对能够成为猎物的动物只是充满好奇心，不会实施实际的攻击行为，要目睹同类的进攻行为后才逐渐具有进攻性。如果将狮、虎那样的猛兽从小当成猫来饲养，长大后很可能不能像它们的野生同类那样适应野外的生活，特别是不能估计自己和对手的力量，导致捕食成功率相当低。

野生动物的判断能力也体现在求偶及同类的交往上。有的动物具有杀伤力很大的尖牙利爪，然而在同类的冲突中很少动用这样的捕猎武器。产生这样的情况主要原因是同类之间有相似的气味，更有特定的行为语言，使得哪怕是激烈的争斗都会适可而止。举例来说，犬科的动物在认输时的典型姿态是仰躺着露出软弱的腹部，夹紧尾巴，眼睛瞟向旁边。如果不是同类，是绝不敢采用这样毫不设防的行为语言的。当占有上风的一方看到这样的动作，本能地就会停止攻击。有趣的是，不同的犬科动物认输求饶的姿态都类似，所以即使是不同的种类在野外相遇，也很少出现拼个你死我活的情况。同样，如果是不同种的动物，如果一方恰好表现出对方熟悉的认输求和的动作，也可能化干戈为玉帛。我想，有的人被猛兽追急了，躺下装死而逃过一劫，很可能是无意间暗合了动物的妥协姿态，当然，前提必须是动物在挑衅、驱赶你而不是想要捕食你，否则那样做的后果是极其危险的。

被捕食的动物遇到天敌的第一反应是逃避，而那样恰好刺激了捕食动物的追逐本能。跟狗打惯交道的人都知道，碰到陌生的凶狗千万不能逃跑，否则会给狗的判断能力提供错误的信息，反而让它决定要追咬你。假如被捕食的动物在危险面前都能保持镇定，那么可能会影响捕食动物的判断力，从而获得幸免的机会。观察野生动物园的猎豹捕食就会发现，竭力逃窜的鸡总是第一个被扑倒，而茫然站着的鸡总要让猎豹迟疑很久，有时要等到鸡跑起来后才会被杀。南美热带雨林中的树懒活动极慢而能够生存至今，或许在一定程度上碰巧钻了捕食动物本能的判断能力的空子。

嗅觉对野生动物的判断力的作用是举足轻重的。我们经常可以看到兽类在自己的领域内用排泄物作为标记，用意是警告同类。不论是捕食动物还是被捕食动物都那样做，岂不是很容易给对方暴露自己的目标吗？其实对于绝大多数的物种来说，最大的对手是同类而不是天敌，因为只有同类才争夺完全相同的食物、配偶和栖息环境，自然天敌为了自身生存需要而消灭的个体毕竟是有限的（人类无节制的捕杀除外），反而可以帮助被捕食动物控制过多的数量，客观上使每个个体得到足够的生存资源。所以无论是捕食动物还是被捕食动物，用排泄物标记领域的用意都是告诉同类：这是我的地盘，离远点！动物本能地都会注意到这样的信息，本能地尊重这样的信息，外来者进入别家的领地总是有三分心虚，如果主人捍卫领地的态度坚决，外来者多半会识趣地离开。

嗅觉还能帮助动物判断食物的性质，避免误食有害的食物。但是这样的判断力常在人工饲养条件下被颠覆，因为动物生存的自然原始环境中不可能有塑料和金属那样的物质，当这样的物质出现在动物面前，特别是这些人工制品带有食物的气味（譬如人们包装食物用的塑料盒和罐头）时，本来就很初级的动物判断力就很容易发生偏差，误食的情况在管理不善的动物园和养殖场就时有发生。

视觉也影响动物的判断力。对于不能撕裂、咀嚼食物的蛇类，判断食物的体积是否合适是基本的功课。有句俗话说“人心不足蛇吞象”，意思是贪得无厌，勉强做力所不能及的事，而现实中的蛇绝不会把多余的精力放在它吞不下的猎物上，体长几十厘米的蛇不会留意成年的牛羊那样的大动物，而对鼠、蛙那样合适大小的猎物特别感兴趣。目前，有记录的最大蛇类体长不超过10米，按比例说，吞咽60千克以上的食物就有困难，由此可以想象，那些声称见过一条蛇吃掉一头成年牛之类的说法未必可信。即使是凶猛的兽类和猛禽，在面对大型的食草动物时，也会对形势进行判断，不敢贸然出击；同样，被捕食的动物也会根据来犯者的体型来决定是抵抗还是逃跑。动物对食物的视觉判断也是比较初级的，从鲨鱼吃进救生圈，海龟吃进塑料袋到熊猫嚼吃坚硬的食盆，都说明许多动物只对食物的性质有模糊的认识，鲨鱼把救生圈当成海龟，海龟把塑料袋当成水母，而熊猫把有香味的硬东西当成一种陌生的“竹类”。不要以为动物对食物的判断力太差是一种弱点，假如动物对食物的性质认知、判断得过分精确，就会限制它们得到更多能利用的，性质相近的食物，那样对它们的生存是不利的。它们不能辨别在自然状态下没有的东西，不是它们的蠢笨，而是因为人类的干预违背了动物的自然法则。

听觉是帮助一切能发声的动物进行同类识别的重要能力。在绝大多数情况下，每种动物鸣叫都有其独特的节奏和音律，同类之间用以交流就仿佛密码那样安全，所以动物间同类的叫声很放心地被作为交流和联络的工具，动物对声音的判断基于对这种“唯一性”的信赖。许多别的动物也能够利用其他动物的叫声来做出自己的判断，也是基于对声音所传播信息的信赖。在东非草原上播放鬣狗争食的喧闹声经常可以引来想捡现成便宜的狮子；雌性有蹄动物发情的呼唤对雄性的诱惑力也是难以抵挡的。在上述情形中，尽管动物没有看到或闻到相关的气味或看到相关的目标，仍然会竭力寻找声音的来源，可见声音对动物判断力的影响很大。并不是只有人类才懂得利用模拟其他动物的叫声来达到目的，目前，至少已知有百多种鸟类能惟妙惟肖地模仿自身叫声以外的声音，动物行为学上称为“效鸣”。比较出色的例子是琴鸟、嘲鸫、椋鸟、鹦鹉和鸦类，比较困扰动物学家的是，这些鸟类模仿其他声音有什么实际的好处？对于效鸣产生的原因，目前的假设有以下几种：

（1）对自身角色地位的认知模糊，把其他动物的叫声当成同类的声音来模仿，多出现在成长期的雏鸟中。我们饲养的观赏鸟多属此类。（2）有意识地通过吸引其他动物来实现自己的利益。譬如伯劳鸟通过模仿鸣禽的叫声来造成安全的假象，以便攻击没有戒备的小鸟；有些小鸟通过模仿天敌的声音吓走竞争者，以便独享资源。（3）由于高度紧张而使神经兴奋，身体的某些机制发生混乱和偏差，下意识地把害怕的声音用自己的叫声表达出来。例如，窥视笼鸟的猫经常让不能飞逃的笼鸟感到极度紧张，因此猫叫是许多家养笼鸟都能学会的声音，就好像害怕“鬼”的人反而会大喊“有鬼”那样。

使用工具

小时候上学时老师告诉我们，人与动物的区别之一是人懂得利用和制造工具，而动物则不会。如今的孩子在自然课上都已经能够知道黑猩猩那样的所谓高智力动物也能够懂得使用工具。珍妮•古多尔当年在非洲丛林中首次观察到黑猩猩用捋去分枝的树棍、草茎插入白蚁穴中钓白蚁的情景是具有里程碑意义的发现，让我们重新去认识动物的行为所具有的新含义。

其实懂得使用工具的动物远不止黑猩猩一种，只是有的动物限于自身的能力，不能用手加工、制造出我们人类概念上的标准工具罢了，但是它们懂得利用不需要加工的工具：北太平洋的海獭收集海底的石块，放在腹部当成敲开牡蛎壳的砧子；埃及兀鹫能叼起石头把坚硬的鸵鸟蛋壳砸破；有的兀鹫抓起骨头或乌龟那样的坚硬食物由空中往下砸；加拉帕戈斯群岛上的啄树雀没有啄木鸟那样的利喙，却能巧妙地利用仙人掌的长刺把深藏在蛀孔中的虫子挑出来吃掉。有些动物甚至能主观地利用其他动物来达到自己的目的，譬如响蜜䴕会引导蜜獾到蜂巢所在的地方，等蜜獾捣毁了蜂巢之后享用蜂蜡。蜜獾那样的“活工具”在响蜜䴕的行为中成为需要更多技巧来掌控和交流的对象。有的动物颇懂得利用人力资源，说明它们使用工具的能力并不全是单纯的遗传，而是在跟人打交道的过程中认识和学习到的：乌鸦把得到的坚果扔在马路上，等车轮把坚果辗碎后再飞下去啄食果肉；美洲绿鹭把游人丢弃的面包屑扔在水面上吸引小鱼，而它们则伺机捕食贪嘴的小鱼。

动物反复地利用某种跟食物本身没有直接关系的东西来得到食物，完全符合“使用工具”的要素，但这是否就意味着它们具有像人类那样了解工具特性的意识了呢？目前下结论为时过早。现在人们在大量的事实面前不得不

非洲的白兀鹫会叼起石头作为工具，砸开坚固的鸵鸟蛋壳

承认动物也能够使用工具，但依然被动地退守住下一个观点，认为动物只是在无意中发现工具的作用，却不懂得进一步地去改进工具或利用工具的其他特性。这当然要牵涉到更高的智力水平，随着科学发现的增加，我不知道这道防线能不能守得住。那些学会在海水中洗红薯的日本猴曾经被认为是只知道海水用来洗涤脏泥的用途，后来发现它们也把稻谷放到水里，那样更方便地把稻谷跟沙子分开。

人们通过对饲养动物的观察发现，有些动物会有意识地学习和观察人们的行为，并加以模仿，其原始的动机可能是希望实现同人的交流互动，由此我们见识到了动物具有主动学习的意向。特别是那些具有社会性特点的灵长类动物，因为有"手"，它们所表现出来的行为更像人，它们使用工具的方式跟人最接近，因此成为被动物行为学家研究得最多的对象。我观察到一只性情暴躁的平顶猴被单独关在一间很小的铁笼中，不文明的游客远远地向它抛扔各种东西，后来我极其惊异地发现它在笼子底下藏了一根树枝，用来把那些离笼子太远的食物划到它的"手"能捞得到的地方。它甚至懂得平时要把树枝藏在笼下，免得被饲养员没收！令人很难用“单纯的本能”这样的词汇来解释它的行为。

野生动物对工具的使用基本上只限于觅食的行为中，那是因为它们几乎把取得食物作为唯一的生存目标，而不像人类那样具有丰富的情感和社会性需求等多方面的生活需求，工具才显得多元化。某一种野生动物在野外得到的食物资源是有限的，并且不是每一种食物在得到的过程中都能够借助工具的力量。让我们设想一下，假如你的智力水平不变，而让你成为没有手的鸟或是鹿，你在生存环境中该如何发现和使用怎样的工具呢？

社会行为

人们对动物社会行为的研究由来已久，然而用人的逻辑依然不能解释许多动物的社会行为：几千万只红嘴奎利亚雀同时在空中高速盘旋，却从来不会发生碰撞，它们是怎样得到统一行动的指令的？同样的情况也发生在密度惊人的沙丁鱼群中。许多膜翅目的昆虫具有明确的角色分工行为，蚂蚁和蜜蜂虽然都有各自的“王”，但是它们的首领似乎只是维持群体绝对数量的“活生殖机器”，并没有人类首领那样的调度和指挥作用，在庞大的群体中，是谁决定每个成员的角色和合理的数量比例的？

猴王、雄狮和雄海象在排斥其他雄性与雌性交配时，不会考虑到要保持自己后代基因纯正这样深奥的道理。动物那样做必然有一定的道理和规律存在，但是我相信那样的行为必然基于对自身利益有利的动机或本能，我更多地倾向于相信是自然的选择保留和强化了动物的合理本能，而淘汰了对生存不利的本能，或许连实施行为的动物本身也不知道为什么要那样做。对动物行为，尤其是社会性的行为作理性的分析并非总是有意义的。

我们可以仅从表面上来客观地看一下动物社会行为的特点。

动物结群具有更高的安全性。许多个体集中在一起，就等于同时有许多眼睛、耳朵和鼻子观察和感觉身边的情况，于是捕食动物很难在不被发现的情况下接近一群猎物而实现危险更大的偷袭。从表面上看起来，当被捕食动物结成庞大的群体后，也更容易在捕食动物面前暴露整体的目标，似乎更容易受到攻击，但是作为群体中的个体，实际被捕食的可能性相应地要比独处时小很多，这是因为捕食动物在四处乱跑的被捕食动物中容易分散注意力，另外，一旦群体中的某个个体被捕获，捕食者就会停止攻击，其他的被捕食者就暂时安全

斑马的条纹是为了在一大堆鲜明的条纹和斑点中隐藏自己的位置

了。结群迁徙的鸣禽逃避猛禽追袭的情况与之类似，同样的情形在鱼类和其他动物类别中都不同程度地存在，表明集群是营造安全性的良方。

有的群居动物身上反而有鲜明、醒目的条纹和斑块：一是便于群体中成员互相识别和联络；二是为了在一大堆鲜艳的条纹和斑点中隐藏自己的位置。还是以斑马为例，一只斑马的黑白条纹极其醒目，当一群斑马在一起时，狮子看到的是一堆眼花缭乱的条纹，于是就不容易判断具体某只斑马的准确位置，也就是说，它们的策略是混迹于群体中。由于它们的毛色过于扎眼，传播昏睡病的萃萃蝇也很少愿意叮咬斑马，据说是因为斑马明亮的毛色令这些虫子很不舒服。东非国家公园的工作车也常采用斑马条纹，为的是在车子出现状况时更容易被发现；以斑马纹作为醒目标记的还有马路上的人行横道线，人们这样的安排也是由于那样的条纹更能引起注意。

结群的动物也更容易捕猎成功，至少可以采用包围和布置埋伏那样的策略，每个成员只要承担捕猎活动中的某个环节，付出的体力要比单独出击省很多。在视野开阔的环境中，合作捕猎是最有效的策略，非洲狮是大型猫科动物中唯一采用群猎方式的种类，与别的猫科动物相比，它们平均每只个体得到同样量的猎物实际付出的体力是最少的。

结群也并不是所有动物都适合的完美方式。其弊端主要反映在三个方面：对环境变化的适应能力弱；近亲繁育导致种群体质退化；容易遭受传染病的侵袭。

如果在栖息环境中缺乏有效的控制机制，动物的种群数量就很容易失控，当种群数量超过当地资源的承受能力时，动物的生存质量会急剧滑坡，甚至导致区域性的绝迹。在捕食动物数量不足的情况下，以植物为食的动物最容易导致数量过多，鉴于庞大数量的动物以高密度聚集，每日的食物消耗量很大，食物的短缺似乎在一夜之间就会发生。北极的旅鼠每隔几年就要进行一次没有明确目的地的自杀性迁徙，起因就是因为过多的旅鼠无法在当地得到足够的食物而被迫向外扩散，但是附近的旅鼠碰到同样的问题，于是危机并不能通过扩散来解决，最终导致旅鼠的数量在次年急剧减少。控制旅鼠的自然天敌如北极狐、雪鸮、狼和驯鹿数量的减少使旅鼠的结群生活方式受到严峻的挑战，实际上，结群本该有的优势在不结群反而能活得更好的现实条件下丧失殆尽。

近亲繁殖造成的种群质量退化在动物园饲养的动物之中早就被我们认识到，而近年来随着野生动物栖息地的缩减，越来越多的野生动物被迫向少数尚比较完整的栖息地集中，不同的群体中的动物自然交流不是完全丧失，就是受到极大的限制。很多情况下，由原来的雄性成年动物向外扩散开拓新领域的模式，转为无处可扩散，不得不留在原群（或游离在群体周围）中生活，致使血缘纯度不断加大。假如原来大群的动物适时地分成小群生活，每只雄性就不能独占很多雌性，客观上，就有更多的雄性个体有机会与雌性交配，遗传的多样性就能得到体现。

较多数量的动物在一起生活，万一发生疫病，被传染的可能就相应增大，而且，越大的群体，传染病扩散的范围就越广，导致的后果也越严重。美洲和澳洲的野生食草动物都发生过大面积的传染疫病，有时还波及到家畜，造成不小的损失。究其起源，最先的疫病几乎均来自野外数量呈爆发性增长的大群野生动物。有一点应该注意，近年来，有些野生动物有侵入人类生活环境的趋向，与人的接触越来越频繁。在欣喜人与自然和谐的同时，要慎防大群的动物给人带来不良影响的可能性。譬如，近年来在冬季进入昆明市区的红嘴鸥数量逐年增加，数以万计，这些鸟儿活动和觅食范围广泛，万一其中发生危害人类健康的传染病，我们很难像宰杀笼养的鸡鸭那样控制这些能自由飞翔的野生鸟类。

共生和寄生

共生和寄生也是动物中经常可以见到的行为。根据生物学的一般规律，动物的行为都是利己的，即使是客观上确实有利他的行为，那也是动物实施利己行为的副产物。通常我们把在不同种类动物间发生的互利行为称为共生，而把一方达到利己目的，于对方无益甚至有害的行为称为寄生。

营共生行为的动物有很多，通常是一方提供食物和客观上的保护，另一方则给予警戒上的便利。譬如大型食草动物和椋鸟的搭档，椋鸟在食草动物身上啄食寄生虫，食草动物给鸟提供了食源；而当危险逼近时，鸟儿率先受惊飞走，等于给食草动物通风报信。类似的互利互惠组合有很多，但是最引人入胜的是那些双方力量相差悬殊的组合，其中一方是典型的猎食者，假如不顾及它们共生的实际情况不谈，它们完全可以将另一方的小伙伴当成食物吃掉，而实际上它们并没有那样做。例如，尼罗鳄很客气地对待几种在它们口中捡食肉渣的小型鸻鸟，当要合上嘴巴或下水时还会提醒口中的鸟先躲开；白肩雕容忍小小的文鸟在它的巢材中栖身，而从理论上讲，它们的关系应该是捕食与被捕食的关系……有的动物学家推断说，是共生小动物的机敏使它们能周旋于凶猛动物的身边。这种推断很有道理。就拿上述的小鸟与雕的例子来看，小鸟在巢材中活动并不伤害雕的雏鸟，反而能帮助消灭雕巢中的寄生虫，而且，如果亲雕鲁莽地攻击这些灵活的小鸟时，不仅没有捕猎的价值（因为对方个体太小），还有可能会拆散自己的巢。这样的推断也适用于鳄鱼与鸻鸟的关系上。尽管鸻鸟给鳄鱼剔除牙缝中的碎肉，保证了鳄鱼口腔中的清洁，但是鳄鱼不见得能从逻辑上认识到这样的好处而主观地保护鸻鸟，小鸟随时有被咬死的可能。巧妙的是，鳄鱼看不到自己的嘴，并且在不捕食时通常不会有快速的咬合动作，于是这些反应灵敏的小鸟就躲在鳄鱼的盲区中大快朵颐，轻柔的动作让鳄鱼感到很舒服，起到变相的催眠作用；而当鳄鱼要有所反应前，鸻鸟总能及时觉察到异样而提前离开是非之地。许多所谓的共生，并不是动物之间刻意为之的默契行为，实际上可以解释成某些灵巧的小动物在其他动物身上实施的一种特殊的觅食或栖身行为，客观地给

埃及燕鸻在尼罗鳄大嘴中从容觅食

另一种动物带来好处。其社会行为的含义是人为地加上去的，因为某一种动物的自利行为造成了两者和谐相处的事实，在动物行为学上才有社会行为的意义。如果一种动物的觅食行为造成了对另一方动物的危害，就升级为对立的捕食行为或寄生行为。

动物的寄生行为是相当普遍的，各种内外寄生虫在动物宿主身体的寄生便是如此。我们经常感兴趣的是另外一些动物的特殊寄生关系，有些营寄生生活的动物还能有其他的生活方式，为什么还要采取那样一种带有戏剧性的生活方式，是动物学家揭示动物行为动机的窗口。以侵害被寄生者为唯一目的的例子动机明确，那就是寄生者实施的“以小吃大”的捕食行为；但是鲫鱼并不吃鲨鱼和海龟，却也乐意吸附在大家伙身上免费旅行，这些额上有特殊吸盘的鱼能快速灵活地游动，为什么还要采用那样一种并不能比自己觅食得到更多食物的生活方式呢？它们所吸附的大动物并不能经常性地得到食物，因此用捡吃鲨鱼和海龟食物残渣的动机来解释鲫鱼的行为是很勉强的，其中必定有某种机制让鲫鱼采用我们觉得不合算的生活方式。我们不能简单地套用某些动物组合中出现的共生或寄生模式，来解释所见到的所有异种动物之间发生利害关系的现象，根据一般规律，只有一点是基本肯定的，那就是其中必定有自利行为的发生。

速度与攻击力

同动物的速度相比，我们奔跑的速度简直不值一提。即使不把猎豹那样的短跑冠军（记录时速超过100千米）包括在内，大型猫科动物跑完100米只需3秒多一点；"笨熊"在山地可以轻易撵上"田径运动员"；而素以只能走而不会跑著称的大象，快走的速度也可达40千米/小时；至于善以腿力见长的犬科动物就更不用说了……强健成人的奔跑速度大约为32千米/小时。

客观地说，当人类决定采用直立行走的方式时，就失去了速度上的优势：直立的身躯形成了很大的空气阻力；两腿交替前进的步幅远没有连蹦带跳的四肢行进方式来得大；两脚的支撑方式也使我们在面对障碍时容易跌倒，为了保持身体的稳定，我们不得不以牺牲速度作为代价。我们如今已无法在奔跑速度上与绝大部分野生动物抗衡，如果面对力量强大的猛兽，强烈建议你不要转身跑开，那样只会刺激它的追逐本能，说句丧气的话，假如对方存心要伤害你，你是根本跑不掉的。冷静地对峙常可以让动物感到疑惧，最终退却，当然在那样极端的情况下，要保持镇静是不容易的，另外，化险为夷还要靠一点运气：动物本就不想跟你拼命。

犬科动物、猛禽及一些猫科动物通常以高速度的出击猎取食物，有蹄动物的防御手段则经常是快速地跑开。尤其是在开阔的场所，速度似乎是制胜的法宝。然而并非速度决定一切，否则跑得最快的猎豹就可以为所欲为了。瞪羚在躲避猎豹的追击时会突然急停和转弯，致使猎豹收不住惯性而冲得偏离方向；草兔对付苍鹰的策略也与之类似，它们会突然刹住脚步，朝收势不及，依然下扑的苍鹰狠狠蹬踢。很多时候，动物会变通地运用奔跑或埋伏的手段，如在密林中生活的大型猫科动物、蛇及捕食性昆虫就经常采用埋伏守候的捕食策略：捕食动物先潜伏着接近猎物，到一定的距离才突然快速出击，力求一击成功。有些只吃活食的猎食动物只对移动目标感兴趣，于是沉着地躲着不动便成为躲避这类动物攻击的最好方法。蟾蜍在蛇的面前经常运用一动不动地凝视对方的做法，比那些采用逃跑策略的蛙类有更多的存活几率。在确定跑不赢对方的情况下，有时这种以静制动的做法颇能奏效。

短跑冠军——猎豹

我们经常会凭想象夸大食肉动物进攻的杀伤力，除了一口吞掉猎物之外，很多食肉动物的物理攻击力其实是有限的。即使是虎、狮那样很有力量的大型猛兽，一口咬死有蹄动物的时候远没有把动物摁在地上或水里闷死的时候多；在野生动物园中的鸡被猎豹扑倒、咬住的时候几乎都是活的；鳄鱼的猎物十有八儿是被拖入水中淹死而非当场咬死的……我无意忽视动物的攻击力，想说明的是，在遇到被动物攻击的危急关头，我们其实还有机会招架和还击，只要勇于抗争，跟狼甚至豹决斗并非没有胜算。

由于掉以轻心，我们倒是经常受到食草动物的伤害。在动物园中，河马、大象和犀牛伤人的案例普遍高于其他动物。但就攻击力来衡量，食草动物的角、蹄，有时是牙给人造成的伤害毫不逊色于食肉动物，只不过食肉动物的进攻志在杀死对方，会实施持续不断的攻击；食草动物以自卫和防御为目的，很少步步紧逼，丧命在食草动物角、蹄下的例子并不多。虽然狮子是长颈鹿和斑马最主要的天敌，但在野外也有狮子被长颈鹿或斑马咬伤、踢死的例子。

动物的杀伤力在一定程度上取决于动物进攻的决心，敢于拼命和具有搏斗勇气的动物往往更可怕。野猪和熊被认为是缺乏机灵的动物，但谁都知道它们被惹急了会拼命，因此连老虎也忌惮它们几分。出于保护幼仔目的的母兽也有奋不顾身的斗争精神，在动物繁育期贸然靠近它们的巢穴是不明智的。小小的鸣禽会毫不畏惧地扑向进入巢区的猛禽，有时竟能将平时的天敌赶跑。

人类对有毒动物的畏惧丝毫不亚于害怕猛兽，其实我们在很大程度上因为恐惧而使判断变得不客观。没有哪种有毒动物以人那么大的动物为食，因此它们在生理上没有攻击人那样大动物的机制，它们甚至可以被看做对人不具进攻威胁的动物。毒蛇是有毒动物中造成伤人事件最多的，但绝大多数的毒蛇咬人是出于自卫防御，经常是我们无意中走到离它们太近的地方，让它们感到了压力，才招致被咬的。其他有毒的动物还有毒蜘蛛和毒蝎，以及海洋中的部分鱼类和无脊椎动物。全球死于有毒动物之口的案例呈逐年下降趋势，不可回避的现实是，比起被伤害的人，每年被人吃掉的有毒动物数量要多得多。

对人攻击力最强的其实是被我们忽视的小动物，特别是啮齿类和昆虫。每年由老鼠和蚊子传播的疾病夺去的人命比其他所有动物造成的人员伤亡要多出许多倍，它们带来的死亡不像被活生生咬死、吃掉那样具有戏剧性，反而不觉得可怕，或许，这才正是它们的可怕之处。

进化和适应

动物的进化一向被认为是极其漫长而缓慢的过程，现今的动物与它们在远古时期的祖先在形态上有时会存在很大的不同，譬如，大象的祖先个子很小，马的祖先有多趾的蹄，树懒的祖先身材魁梧且动作敏捷……对于导致发生变化的机制，有多种的假设，以长颈鹿长颈的由来为例，常见有以下几种假设：

假设一：它们的祖先颈部并不特别长，为了吃到树上的嫩叶，就尽力伸长脖子，日久天长，颈部会越来越长；

假设二：早先的长颈鹿脖子有长有短，其中长脖子的个体能吃到更多的嫩叶，便生存了下来，而短脖子的得不到足够的食物，逐渐被淘汰了；

假设三：长颈鹿原来不是吃树叶的，但是有一段时期，长颈鹿生活的地

长颈鹿的长脖子是进化的结果吗?

区发生食物饥荒，草枯萎了，只有少量树叶可供食用，部分改吃树叶的长颈鹿活了下来，吃草的长颈鹿陆续死掉，后来的长颈鹿都以吃树叶为生，身体结构也朝着适应吃树叶的方向发展；

假设四：在进化过程中，个别长颈鹿的遗传特性发生了突变，使颈椎变长，而那样的变异因为能观察到远处的动静和吃到高处的树叶而保存下来，而它们的主支在漫长的岁月中却逐渐消亡了……

我无法断定在众多的假设中有哪种最接近事实，但是我发现很多假设所反映的都是比较极端的先决条件，譬如，我们凭什么武断地认为长颈的动物就具有优势？长颈鹿的身体结构也有给带来生活不便的地方，该如何解释物竞天择的作用？跟长颈鹿同时期的动物不止它一种，为何别的动物脖子不也相应变长呢？如果长颈鹿的脖子是逐渐变长的，为何至今未发现脖子逐渐变长的中间过渡形式的动物化石？至少现在还没有证据表明现在的动物在各方面都比它们的祖先更高级，身体结构更趋合理。有个基本的事实是，进化其实是对环境的适应，不能适应的更容易被淘汰，跟我们认为的身体结构的复杂程度没有必然的联系。我不妨提出这样的假设：假如有两种动物，一种是鸟，新陈代谢旺盛，体温恒定；另一种是蛙，代谢机制不完善，体温随环境变化而波动。按照达尔文式的理论，鸟肯定比蛙更高级，但是如果它们生活的地域环境发生变化，一年中有半年冰天雪地，找不到食物，那么被淘汰的可能是我们认为高级的鸟，那种所谓物种不断向更高级阶段进化的理论在这样的情况下就可能受到质疑。从化石的发掘可以揭示：许多动物的进化其实并没有多少实际的中间过渡形式的化石作为佐证（包括人类自身），具有讽刺意味的是，如今存在的“活化石”与它们在亿万年前的祖先在外形上并没有太大的区别，说明外形的变化并不在进化的过程中必然发生，那么我们凭什么说如今的动物都是与如今动物差别很大的原始种类变化而来的呢？如果按照进化的过程都是由低级、简单到高级、复杂的形式规律性地发生的理论，那么如今的许多单细胞动物都应该“变成”高级动物才对，但实际情况显然并非如此。

在一定时期内，动物的遗传发生更适应于当时当地环境的变异，变化显现出的优势被保存和延续下来，于是就实现了一个进化的过程。“进化”一词经常会被我们当成由低级向高级的进步。其实用这样的概念来解释自然界的变化规律是很不充分的，环境的改变没有进化或退化的分别，你能说气候变暖是进步还是退步？在每一时期，凡是能适应当时环境条件的物种就能兴旺，可能到了另一阶段，原来兴旺的物种会由于不能适应更新的环境而衰弱，原来处于劣势的物种或许正好适应这样的新环境而崛起。我们不能用某种理论来解释所有的动物进化规律。因为在自然选择中存在太多的变数，有些因素是没有规律可循的，或许一个纯粹的意外可以决定一个物种的命运，一场飓风或一次火山喷发或许就消灭了一个很有发展前途的物种。现在的低等动物并不比侏罗纪时代的动物更高级，虽然动物界是循着单细胞动物→多细胞动物→体腔动物→无脊椎动物→脊椎动物的阶梯出现的，但是这样的变化并非是在某种具体的动物身上阶梯式地体现的，而是整体生物多样性不断发生和分化的必然结果。有的具有上亿年历史的物种完全可能至今没有发生太大的变化，譬如，鲨鱼和蜻蜓、蟑螂；而只有几百万年历史的物种却可能在短期内变得与祖先大相径庭，狗比较于狼就是个实例。说到底，进化的过程实质上不是单种物种的趋于复杂、高级化，而是对环境条件的适应程度的重新洗牌。

讲到动物的适应性，我们很多人有比较具体的体会，只要观察身边野生动物的生活习惯，就不难发现儿时观察到的有些动物跟如今见到的动物有了一些行为上的不同。野生动物要发生形态上的变化需要很长的时期，而在行为上的变化则可能在数十年、甚至数年内就会发生。比较极端的情况下，动物的形态在几十年内也可能发生可见的变化，近年来不断发现的动物新亚种很可能就是这种变化趋势的佐证[最新消息，我国的大熊猫也在近年来被发现存在一个新的亚种（秦岭亚种）]。动物栖息地被分割，动物迁徙路径被阻断，物种无法向外扩散，基因重合现象加剧，遗传变异得不到消化都可能导致动物在生活习惯和形态上的急剧变化。

鉴于人类活动越来越多地影响到地球上其他生物的生活，我们只需观察野生动物对人类活动的适应情况，就可以在一定程度上了解它们适应新环境的能力。

许多动物学会利用人类的资源。许多涌进城市的野鸟都是冲着我们生活中产生的垃圾及其副产品而来的，北京的乌鸦、昆明的红嘴鸥、杭州的燕子……无不如此。如果某种野鸟大规模、高密度地聚集一地，肯定有某种因素在起作用，我们首先应该想到的就是食物的引诱，即使食物不是主要的因素，至少供养大量的动物也需要食物的保障。另外，人类的建筑物可以成为鸟类理想的筑巢场所，高压电线架具有大树那样的高度和枝杈，却没有在风中剧烈摇摆的危险；楼顶的檐缝和管道的空隙正好可以容纳小小的鸟巢，喂雏所需的美味经常在就近的房前屋后可以捡拾到，楼顶关闭不严的水箱是现成的取水处和游泳池，如果你检查一些较大型的鸟巢，几乎总能发现铁丝、塑料绳、一次性筷子、破布那样的另类巢材……野鸟们就像一群不懂城市规矩的蛮夷，颇有自信地侵入到我们的领地中来了。它们是聪明的精灵，不过别指望它们完全按照人类的规范生活，它们没有厕所的概念，也没有任何人的行为准则。我很欣慰地看到人们对野鸟进入我们的生活表现出的宽容，甚至是几分期待，但是内心总希望人们不要溺爱甚至纵容它们的不适宜行为，譬如，特意地投喂、招引，把它们作为生态改善的政绩招牌进行夸张宣传，等等。要知道野生动物就是野生动物，不能用人的审美观给它们打分，特别是应该预见到它们改变生活方式给我们带来的潜在危险。在众多有关昆明红嘴鸥的报道中，我没有看到哪怕是一句涉及这种鸟可能造成负面影响的内容，谁能保证它们在未来不发生H5N1（禽流感）那样的疫情？一旦出现那样

昆明的红嘴鸥接受人们的投喂

的情况，我们该怎样控制这些已经习惯缠着人索食，而又不像鸡那样可以任人宰割的野鸟？

很多野生动物以我们难以想象的智慧学会同人类周旋。野鸟可以清楚地分清猎枪和烧火棍的不同，稻草人的把戏对它们而言已经是十分低级的欺骗；刺猬听到人声不再自信地耸起身上的刺，而是悄悄地加快脚步溜走；黄鼬知道怎样进入住宅小区屋顶的豪华赛鸽棚；游蛇可以顺着下水管攀上好几层楼，吃掉笼中的鸟，还不忘在其中的人工巢中小憩、躲藏。在很多时候，我们低估了野生动物顽强的适应能力，在大量物种在地球上迅速消失的同时，也有一些物种适时转变了生活方式。或者，我们的活动只是消灭了那些对环境条件要求高，并且难以适应快速变化的物种，而有些原来受到抑制的种类，由于得到人类的庇护（有时不是出于我们的本意，但客观上它们利用人类排斥了它们的竞争者）变得日益兴旺起来，譬如说，老鼠。谁也不敢肯定在我们如今设法保护的动物中将来会不会有像老鼠那样挥之不去的小伙伴产生。

生物多样性的概念经常只是被专家提起。在公众的概念中，除了老鼠和跳蚤外，野外的动物似乎都要保护起来，怎么保护？无非是不打、不吃、不养。然而“打”和“吃”的现象如今依然没有绝迹，而“养”则更是打着保护的幌子温柔地扼杀了野生动物的生存前途。我们的科普宣传书中至今居然还依然普遍有怎样养野鸟的内容；以招徕游客作为唯一的经营目标的野生动物园大量兴建，而管理者的专业知识可以匮乏到只雇一个拿着棍棒的当地村民，就敢让游客与狮子零距离接触的程度；动物园煞费苦心地把动物从野外捉来，野生动物被圈养的结果不是被我们驯化得完全不能再回到自然，就是悲惨地老死笼中。我们更应该把保护工作的重点放到那些适应能力差，被动地依赖原始环境生存，竭力保持野性的、易受人类活动干扰的、脆弱型的物种上面去，最有效的保护策略是不去干扰它们，不要把我们认为有效却不成熟的干预措施在它们身上做试验；不要砍那儿的树，不要污染那儿的水；不要政策性地投入开发和建设的资金，也不要投入我们以为是积极的保护资金，非要搞出什么项目来；还有，要把客观的、专业的、原汁原味的动物知识传授给大众。

第三节　野生动物的情绪

人们普遍接受“动物也可能有情感”的概念是在宠物进入家庭之后，不管宠物与典型的野生动物有多大的差别，它们至少向我们打开了一扇了解动物情绪的窗子。

绝大多数野生动物在行为表现上与家养的宠物有很大区别。饲养得较好的宠物可以跟主人实现一定程度的互动，聪明的狗、猫或鹦鹉带有人类行为的特征是普遍的现象，而野生动物并不把人当成伙伴，在近距离接触野生动物时，我们通常只能见到恐惧、逃避和充满敌意的戒备等极端的排斥表现，于是给我们以怯懦、凶残的片面印象。要客观地研究野生动物的情绪，仅凭我们在与宠物接触中得到的经验是不够的，还要结合野生动物的生活环境和活动习性的特点，分析它们在自然状态下各种行为的意义，才能取得成效。

只有极少数比较高级的哺乳动物才有反映情绪变化的面部表情，而绝大多数野生动物的情绪都是通过特定的动作、声音和气味来表达的，如果不了解它们的生态，情绪研究就无从谈起，就连提出假设的资本都没有。

应激

动物在感到环境中存在某种压力（譬如天敌威胁、食物短缺、气候骤变、剥夺自由）时，机体自然就会产生一些更适于应付紧急情况的反应，内分泌水平在短时间内发生很大的变化，导致诸如心跳、呼吸频率加快这样的可见表现，国外的动物行为学者将这种情景性的生理变化称为“压力（Stress）”。我们则翻译成“应激”，可以解释为“应付紧急状态而发生的激素水平变化”或者“应急状态”。

应激是动物界中普遍存在的情绪反应。你把一只蜜蜂关在透明的容器中，它很快就会因麻痹而死去，原因就是脱困应激产生的压力得不到及时的释放，体内过量产生的内分泌物质毒死了蜜蜂。鸟类中的麻雀被大家认为是很难养活的种类，这种现象可以用应激的概念来解释。机敏的麻雀总是在人居周围活动觅食，感到威胁时可以及时躲开，群居的习性也使得它们更及时地避开危险，一旦被捕，不但无法回避迫近的威胁，落单的恐惧也加剧了不安，机体上为了应付危急情况而自动产生大量内分泌物质，以使机体处在高度紧张的状态，但是假如威胁始终得不到消除，那样的物质不断产生，最终使机体平衡被打破，导致器官功能衰竭而死亡。

在自然状态下，动物因应激而致死的情况是不存在的，被捕的猎物不是很快被吃就是逃脱，应激的压力在短时间内就一定会消失或得到缓解，脱离险境的动物体内内分泌水平很快会恢复正常，所以不至于给动物带来太大的负面影响；被人捕获而饲养是非常极端的情况，没有哪种野生动物在机体上适应那样的情况。用非常通俗的话来讲，麻雀那样的动物其实是被“吓死”的，它们是经不起长时间环境威胁的动物，如果有办法让被捕的麻雀尽快安静下来，譬如说，不要频繁地靠近鸟笼，减少不必要的干扰，它们就有很高的成活率，同时，如果将多只麻雀关在一个笼子里，效果会更好。

不同的动物在应激反应上的表现有所不同，这跟它们为应付环境条件而产生的不同生理机制有关。经常适应陌生环境的候鸟与只在狭小领地内活动的留鸟比起来，前者更能应付被笼养驯化的情况；捕食动物与被捕食动物相比，后者更容易产生紧张情绪。动物园的专家们很早就认识到应激对于圈养动物可能造成的危害，在治疗、转运某些特别胆小的动物（尤其是在自然界作为被捕食动物的种类，如群居性食草兽）时，先要给它们一些镇静药物，避免在抓捕这些动物时，使对象情绪过度紧张而发生猝死这样的应激性意外。

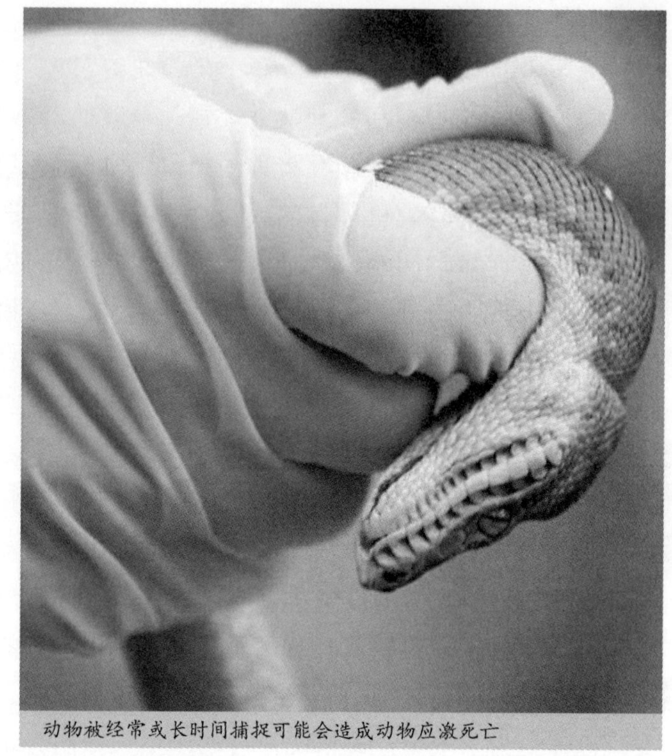
动物被经常或长时间捕捉可能会造成动物应激死亡

应激是许多动物应对突发情况的一种正常生理反映，在情绪上表现为紧张、亢奋和不安。它对于自然界的动物来说，完全是一种积极的反应，只有当处在极端的情况下，它才表现出副作用来。动物工作者研究动物的应激机制，对于提高动物（特别是野生动物）的饲养驯化水平，有很重要的意义。

胆怯与谨慎

从本质上讲，自然界很少会有绝对胆大妄为的动物，典型的被捕食动物自不必说，即便是那些号称“兽中之王”和“鸟中之王”的终极掠食者，也有感到胆怯，至少看起来是非常谨慎的行为。我们可以把某人的谨慎看成是他行为的细致周到，或许有“世故”、“谦逊”这样复杂的社会因素在内，动物行为谨慎的动机则比较简单，或多或少都可以归因于一定意义上的害怕——害怕被捕食或害怕失去猎物，那都是性命攸关的事。

假如说老虎是一种有时候非常胆小的动物，肯定有许多人会说我是故作惊人之语，其实老虎的胆量并不取决于它们实际拥有的力量和硕大的体型，而是基于它们对环境对象的熟悉程度，即便它们自己认识到自身在环境中的优势，也不会肆意妄为。这样的“谨慎”在许多时候，以人的标准看，确实到了“胆小”的程度。

印度在沦为西方殖民地之初，在那儿的白人贵族以射杀老虎那样的大型猛兽来表明自己的勇敢和业绩，有些杀虎的过程是这样的：先由一些当地猎人到丛林中把老虎赶到林间空旷处，再由骑着大象的白人用来复枪把老虎射杀，在驱赶过程中要保证老虎是活着的，只能由“白人老爷”亲手射杀。为了防止老虎在被驱赶到目的地之前逃走，猎人们在必经之路上用白布挂在树枝上作为屏障，老虎看到后就不敢逾越，只好循着猎人安排好的路径去送死。按照人的思维，既然老虎是最强壮的捕食动物，它们应该无所顾忌才对，而实际上，任何动物对陌生的东西有天生的恐惧，老虎也不能例外。“黔驴技穷”成语中的老虎开始见到驴时的“大惊”，在行为学上应该有一定的依据。在动物园里长大的老虎，在刚开始被饲喂活食时，常有被鸡“吓得跳起来”的滑稽经历。

“活着”是动物一切活动最基本的宗旨。食草动物均以胆小闻名，那样可以保证它们在刚有危险征兆时就毫不犹豫地做出逃跑的决定，最大限度地

凶悍的野猪遭遇袭击时会不顾一切地反击，所以狮子也不敢轻易招惹它。

保证不被捕食；食肉动物同样胆小，一方面是可能还有其他更厉害的动物将它们作为猎物，另一方面是如果它们不小心谨慎，就会提前吓跑猎物，最终导致自己被饿死。谨慎应该是一种非常合理的生存策略。

胆怯当然是相对的。狐狸虽然是出名的谨慎猎食者，但决不会在田鼠或野兔面前畏缩不前；最胆小的老虎也不会被最胆大的鸟赶跑。但是本书叙述的侧重点是人与野生动物的关系，根据现有的资料，当人与野生动物不期而遇时，至少我们面对的绝大多数动物都是胆怯、谨慎的。关于动物害怕人的理由，将在第三章中进行讨论。

有限的勇敢

拍摄鸟巢的动物摄影师经常会遭到亲鸟利喙和粪弹的袭击，小鸟的奋不顾身令我们感动。尽管如此，我们还是不能将这样的行为看成是单纯的勇敢，因为在很大程度上，这种挑战强者的行为是被逼的。

动物敢于挑战比自己强得多的对手，跟我们理解的“勇敢”并不是一回事，在很大程度上，那是一种虚张声势的行为，在很多情形下，这样的虚张声势确实能够赶走谨慎的侵略者。前面已经说过，即使是非常强大的动物，在行为上很少表现出人类所具有的那种不计后果的莽撞，强大动物在弱小动物不懈的对峙下会逐渐丧失自信。在动物界，这样的勇敢行为多出现在鸟类中，它们敢于攻击比自己强大的入侵者，通常有一个大前提——“打不赢还能跑。”任何行为的先决条件是必须保证自身的安全，这是符合自然法则的。

驱使弱小动物奋起抗争的最常见的原动力是保护自身（或种群）的利益。有些是纯粹的本能，譬如，繁殖期的亲鸟驱逐入侵者，母兽保护哺乳期的幼仔。得到这种习性遗传的物种可以最大限度地保证后代繁衍的成功，物种的正常延续。尽管保护后代要付出一定的自身安全的代价，但是从宏观上来看，在种群生存方面无疑是具有积极意义的。

动物在面临威胁时不外乎两种策略：不是逃跑便是抵抗（或进攻）。比较高等的动物经常会判断面临的形势，只有在胜券在握或者没有退路的情况下才攻击，在没有充分把握的情况下，基本上都选择退却。

不同种类的动物，判断形势的尺度是不同的，甚至同类物种，由于生存经验的不同也会令它们做出不同的决定。单独行动的动物势单力薄，一般比较谨慎，例如，单独捕猎的老虎行为就非常谨慎，基本上只追捕惊慌失措的动物，而面对镇静的猎物则常常迟疑；集群活动的动物在遇到情况时，会以群体力量作为判断双方实力对比的条件，从而做出个体通常不敢做的行动。狮子因为是群猎，胆气要更足些，因此挑衅性更强，依然敢攻击坚持抵抗的大型猎物，有人说狼群越大，狼的胆子就越大，是有一定道理的。

动物的胆气也因物种而异。野猪在自然界是虎的猎物，但是民间依然有"一猪、二熊、三老虎"的说法，似乎野猪比虎更凶狠。我想原因就在于野猪和熊在形势的判断上比老虎更乐观，或者说，这些动物自身有一定的实力，尤其是面对人类这样看起来在体力上并不占优势的对象时，它们不是典型的捕猎动物，反而经常要受到被捕食的危险，因此它们的勇敢无非是借助自身的实力为自己的生存而拼搏罢了，断没有虎那样的从容。想象一下，当我们面对这三种动物时，我们要解决的只是一顿额外的饕餮大餐或一张漂亮的毛皮，完全没有拼命的动力，胆气最怯；野猪面临的是生死抉择，它当然会竭尽全力；熊具有退、守两种选择的实力，如果它正饿着或身边有需要保护的熊崽，会促使它选择进攻；老虎对自身实力有足够自信，相信可以全身而退，进攻或是走开都无所谓，看起来没有拼命的必要。

繁育期的动物和青年期的动物相对于成年动物来讲要更勇敢些，结果往往导致这些成员有较高的死亡率，表明勇敢对于野生动物个体自身而言，并不是完全积极的，因为人性化的道德因素和表现欲在野生动物的生存中没有意义。老虎不会计较有谁说它胆怯，它要考虑的是，面对一只以犄角相对的野牛，如果竭尽全力进攻的话它也许会赢，但是以自己可能受伤的代价换一顿饱餐依然是不划算的，受伤后的虎将可能得不到下一餐而最终饿死，主动退却可以将更多时间用来捕捉更容易得到的猎物。我在看到许多关于动物殊死搏斗以至两败俱伤的故事时经常产生怀疑，故事作者是否将人类不屈不挠的斗争精神强加到那些毫无虚荣，行为最实际的一些动物身上？

另有一种动物的"勇敢"在讨论人与动物的关系时必须要提及，那就是俗话说的"狗急跳墙"，动物在确定受到严重挑衅或者无法做出逃跑选择时的拼死决定。我们还相当不了解绝大多数动物的行为方式，或者说因为我们在感觉上的迟钝（相对动物而言），无意间犯了它们的大忌而招来危险，最常见的例子是被毒蛇咬伤、被毒虫蜇伤等。我们当然不可能是毒蛇或毒虫的食物，它们攻击我们的唯一解释是自卫防御。有毒动物不会像我们吐唾沫那样浪费毒液，失去毒液对毒蛇来讲意味着挨饿甚至死亡，而对有些蜂类而言，攻击就意味着断肠破肚的牺牲。在动物行为学上，这种过度使用或者以人的价值观看来是滥用防御手段的做法经常出现在比较低等的物种身上，目前还没有证据表明那是一种有意识的行为，但是这样的行为无疑有助于种群中其他成员的生存。在遗传方式上，这些物种不选择逐渐放弃抵抗，采用逃跑的策略，而是在进攻能力上进一步强化（毒性增强），以求以更小的代价取得成果。最典型的例子莫过于膜翅目的昆虫，如火蚁和杀人蜂的自然栖息范围日益扩大，这些外来物种在我国南方地区已经成功地本土化，给人们的生活带来越来越多的麻烦。

愤怒及悲伤

理解动物的愤怒在与动物打交道时有很现实的意义，如果我们能够读懂这样的行为语言，可以在相当程度上避免或减少犬、猫这类宠物对我们的自卫性伤害。假如在野外遇见愤怒的动物，有一点可以设想，那就是它更多地是想赶走你而不是攻击、吃掉你，你不一定要与它生死相搏。

国外的动物保护者经常会探讨动物是否有情绪这样的问题，特别是动物是否有痛苦的情绪，如果有，那么就该从人类道德的层面上来改善人类对动物的态度和做法。相关的研究在国内开展得很少，倒是那些饲养动物的朋友似乎比专业的动物工作者更能体会到动物的情绪。

比较高级的动物的愤怒表情是显而易见的，愤怒的动物经常有呼吸急促、瞳孔缩小以及发出低沉咆哮等共同的表现，不同的动物还有特定的行为语言表示愤怒情绪，例如，犬的龇牙咧嘴，猫耸起背上的毛等，明白无误地向外界传达着它们愤怒的信息。

动物的愤怒中包含的意思经常是防卫性的，表明自己后发制人的态度，以一种夸张的恐吓表情向对手表示自己即将进攻，以求对方知难而退。主动捕猎的动物没有必要做出这样的表情，只有在势均力敌，至少是双方力量对比不明朗的情况下，才采用这样一种带有心理战意味的策略。低等动物在遇到麻烦时更多是采取恐吓而不是愤怒的行动，鳞翅目昆虫伪装成猛禽或蛇，弱小动物摆出一副凶恶的模样，这样的行为实际上也起到了防卫的作用。

兽类无疑有悲伤的情绪。从生理学原理上看，兽类与人在机能上没有本质的区别，牛、马、猪、犬的交感神经在受到刺激时也会像人类那样流泪，它们哀伤时发出的叫声与平时的声音有很大的不同，悲哀的是，我们明白地感觉到动物的悲哀而丝毫没有恻隐之心。我在南方的农贸市场上见过屠狗的场景，关在笼中的“肉狗”被逐只取出来杀掉，而且是当着活着的狗开膛破肚，笼中待宰的群狗叫声极惨。

很多家养禽类似乎没有悲伤的情绪，活着的鸡会若无其事地从刚被屠宰的同伴内脏中找吃的，除了同类的惊叫会造成有限的骚乱以外，它们好像是比较麻木的族群。有些营群体生活的大型野生鸟类似乎有比较容易觉察到的情绪反应，丧偶或失群的鸟有相当长的时间会失魂落魄。不敢说它们懂得死亡的含义，但是生活的节奏被打乱一定会使它们很不适应，或许是我们人性化地将它们的失态解读成悲哀的反映。

我们研究动物的情绪并不是为了在多大程度上将它们与我们画等号，而是为了修正人类自身行为和观念上的偏差，找到更理性和合理的与动物相处的办法。有资料表明，屠宰时受虐待的牲畜体内会产生出过多的内分泌物质，人若吃了这样的肉对身体有害，所以最好用安乐死的手段屠宰它们，以保证食用者的健康。这是我所见的最冠冕堂皇的“善待”动物的理由，其实斯文的屠宰与生吞活剥并无道德上的区别，关键是我们在对待动物的根本态度上要进行反思，“残忍”、“贪婪”的心态无论是针对动物还是人类都是极其有害的，我不认为惯于虐杀动物的人在心灵上是无懈可击和完美无缺的。

第二章 人对动物的理解

人们对于野生动物的研究包括许多领域，学者们早期研究动物主要是局限在生理和生态学方面，譬如说，动物的感觉机理，动物的繁殖、捕食习性、栖息环境等，研究结果在很大程度上依靠主观的观察和判断得到。随着最先进的遗传学、分子生物学、生物化学技术在生物领域的运用取代了以往纯粹靠肉眼（或望远镜）观察取得数据的手段，对研究对象作更加细化的分析研究已经成为当代生物学的主流，应该说，我们得到的结果越来越接近研究事物的本质。伴随着对它们的进一步认识，动物学家也开始研究起动物的求偶、争斗、集群等社会行为。社会学、行为学和心理学这些本来只涉及人类的领域逐渐延伸到动物界，我们开始用更客观的视角看待自然界的动物。

检索国内关于动物学研究的文章，不难发现“二多二少”的现象，那就是关于动物生理、生态学的论文多，关于动物社会、行为学研究的论文少；用观察结果写文章的多，以实验结论写文章的少。国内的有些“动物专家”看过很多的资料，写过很多的文章，理论知识不可谓不丰富，但是野外考察和实验却做得很少，许多结论依然依靠自己主观推断，理论与实践能力严重脱节，如果他们做出的结论并不符合实际情况，权威的地位和影响力会误导他们的学生和大众。

国内普通民众对动物知识的了解当然不是通过专业的论文，而是通过各种渠道的科普宣传。我在年轻时就读过郑作新、郑光美、谈家祯、谭邦杰等国内著名动物学家撰写的科普读物，学界泰斗写的科普作品仍然充满魅力和情趣，这些作品对我自己在动物学方面兴趣的发展起到很大作用。我认为先生们的权威性非但没有因为写通俗作品而受损，反而使更多非专业的爱好者从那样的作品中看到他们学识的渊博和文笔的精彩，对他们的敬仰有增无减。

国人对于动物知识的匮乏，在许多方面潜移默化地影响着我们的行为。如果不了解客观真实的动物世界，保护动物、保护自然就会流于形式，无法进行切实有效的工作；如果“野生动物保护”执法人员不能确切辨认哪些动物是受到保护的，执法的公正和严肃性就要大打折扣；如果保护区的工作人员缺乏基本的动物知识，保护的措施就很难落到实处；如果大众不了解必要的动物知识，滥捕、滥杀、滥吃野生动物的局面就不可能有根本的改观。

南方多产花面狸（果子狸），是传统的野味。南方疫病发生，它们因此也成为怀疑对象

近年国内出现的几起与动物相关的传染病疫情，很大程度上检验着我们对动物的理解程度。SARS的发生归咎于果子狸，其后又有“禽鸟说”和“蝙蝠说”相继出现，莫衷一是，给疫病的防治和控制造成了困难：禽流感

的解释是“候鸟传播”。而这些疫病的真正原因还需要更多更深入的研究，这些事实证明我们对自然规律和对动物的理解还是非常肤浅的。

对于那些常见种类的野生动物（甚至包括宠物），人们可以通过图片了解它们的形态，不正确的科普手段主要表现在对动物应有的自然行为进行着夸张、臆想和迷信的宣传，因此在很大程度上，人们对动物的不了解，集中反映在对于动物行为习性知识的缺乏方面，诸如“麦粒大小的鸟”，“孵蛋的原始人”，“迷惑人的大仙（狐狸或黄鼠狼）”等明显的无稽之谈依然有相当的市场；“遇到熊要装死”，“被五步蛇咬到后在走五步后就会死”，“被成百条恶狼团团围困”等危言耸听的伪科学依然被作为科普知识在传播。

在科学宣传的力量还没有真正影响到大家的观念时，大众对许多野生动物行为的理解主要依赖于先辈的传说，拟人化的过分渲染和缺少科学证明的虚假（至少是片面的）研究结论，科普作品中杜撰的故事情节和民间传闻也起了消极的作用。许多人眼中的野生动物不是凶恶、残暴、令人畏惧的，便是愚蠢、肮脏和过分神秘的，我们的认识总是游离在真相的左右。

第一节　恐惧感的由来

我们对于某件事的恐惧感来自于自身的体验和别人的传言，人生的经历和世界观影响着我们对其进行客观判断。孩子可以饶有兴致地把玩成年人觉得很可怕的小动物，长大后却会无端地害怕起那些原来觉得挺好玩的对象。

绝大多数人没有机会通过亲身体验来感觉动物可怕的一面，对一些动物的恐惧感来自那些有过亲身经历者的叙述，其中不乏带有戏剧性的夸张描述，或者只是通过想象力丰富者凭空想象出来的情节，加上每人的理解和不断地被添枝加叶，还有无法忽略的一点，不同地域文化的影响，常常使得事物的本质偏离了最初的情况，野生动物被妖魔化的情况在世界各地都不同程度地存在着。

关于吃人

现代人对吃人猛兽敬畏交加的情感丝毫不比我们的祖先差。人似乎对具有戏剧性的情节有特别深刻的印象，而活生生的人被动物吃掉无疑是最具有戏剧性的场景。在思维定式上，人们只习惯于吃掉动物，而动物吃人则绝对是对传统思维的颠覆：难以想象当人被动物当作食物时会是怎样的情景，那场面必定无助而血腥，对心灵强烈的震撼可想而知。

动物当然会吃人，因为人体的肌肉、骨骼、血液依然具有哺乳动物的基本特点和营养，如果撇开食肉动物对人与生俱来的回避态度，把人类列在自己的食谱上并没有什么可大惊小怪的。这里所说的“吃人”的概念，是指它们主动攻击并伤人性命，且将人当成猎物吃掉的情况，啮食尸体的情况则不能算在其列，最常见的如犬、猫、鼠、鸟、鱼和昆虫都能那样做，没什么稀奇的。至于动物出于自卫目的的伤人，更是司空见惯的事，譬如，每年在大陆被犬和猫咬伤的人就有相当庞大的数量，把这样的情形也归入“吃人档案”，就未免危言耸听了。

有过确切吃人记录的动物种类很有限，它们分别是虎、狮、豹、美洲虎、狼、熊（棕熊、北极熊）、巨蟒、巨鳄和鲨鱼。鲨鱼只在海洋及有些河口出没，被它们伤害需要有不寻常的环境条件，看来“食人恶魔”主要是大型的食肉类和巨型的爬行动物。

【虎】

全世界的虎依分布地和形态上的细微区别被分成9个亚种，在我国有分布记录的有孟加拉虎、东北虎、华南虎和新疆虎等4个亚种。其中的新疆虎在多年前已经灭绝；其余的几种在数量上也到了岌岌可危的程度：特产于中国的华南虎虽然有野外残存的迹象和报告，但也已经有多年未真正见到野生的华南虎，称其“野外灭绝”也不算过分；孟加拉虎可能只在我国的西藏、云南有边缘的零星分布，数量上几乎无法达到值得统计的程度；相对比较多的是东北虎，也只是在东北东部的崇山峻岭中有零散分布，20世纪80年代曾经有悲观报道称东北虎在我国已绝迹，在一定程度上也可以看出它们数量的稀少。

从全球范围看，孟加拉虎、印支虎和苏门答腊虎主要分布在人口相对稠密的地区，尤其是被称为“南亚虎”的孟加拉虎是具有吃人名声最多的猛兽，据印度官方公布的数字，1902年被（孟加拉）虎咬死的人数为1046人。人与虎的频繁接触是导致彼此冲突加剧的直接原因。我国的华南虎曾经在浙江、福建、广东、广西、湖南、湖北、四川、贵州、安徽、江苏、江西、山西、陕西、云南及河南有过分布记录，在国内以往的几例颇为可疑的“老虎吃人”案例中，肇事者很可能就是这种如今踪迹全无的华南虎，至少在20世纪初以前，它们还可能是国内分布最广、数量最多的虎种。人跟虎接触的机会多了，受伤害的可能性当然会增加，同时传言的成分也相应增加。

老虎经常是吃人故事中的主角

【狮】

非洲狮应该是发生吃人新闻最多的野生动物，尽管早年非洲土著被狮伤害的资料不详细，但是由于这种大型猛兽现存的数量在所谓的“食人兽”中依然较多，发生吃人事件较频繁也是顺理成章的。狮子共有6个亚种，当初被发现和命名的北非狮在多年前就几乎已经灭绝殆尽，唯一的亚洲亚种仅存少数在南亚的基尔森林中苟存，南非和西非亚种在数量上也不成气候，规模比较大的狮群生活在东非和东北非洲的国家公园内，尤以肯尼亚、坦桑尼亚等地为多。

狮子的危险性在于它们广大的领域性以及貌似慵懒的生活习性。它们生活的地区没有发达的工业破坏自然环境，那儿的人们依然过着耕猎为主的农牧生活，在并不久远以前的当地土著人仍然以单身猎狮作为男子勇敢的象征，这也为狮子吃人提供了客观条件。最有名的吃人事件发生在20世纪初在东非草原修筑铁路时，有一头被称为“察沃食人兽”的母狮，连续在多个夜晚叼走建筑工地上的铁道工，使得工程不得不停顿3周，直到那头肇事的狮子被射杀后才平息了恐慌。

狮子伤人的事件在近几年依然有报道，譬如，几年前去非洲观光的一位中国台湾学生走得离狮群太近而被狮所害；华东某动物园的一位清扫工偷偷溜进狮房意图“驯狮”，结果不幸被吃……许多悲剧的发生在一定程度上是狮子懒洋洋的外表麻痹了缺乏猛兽危险性常识的被害者。

【豹】

豹子广泛分布在亚非旧大陆的辽阔疆域，亚种超过10个，是大型猫科动物中对环境适应能力最强的种类。豹出色的适应能力突出表现在隐秘活动的能力和特别灵敏的身手，以至于在虎被消灭的华北、西北地区依然有豹生存的空间。

豹虽然在力量上无法与狮、虎相比，但是它们采取的潜伏突袭的捕猎方式提高了捕猎的成功率，使得这种并不比犬大多少的猛兽依然有伤人的可能。

熟悉豹子习性的动物学家认为，它们在行为上比虎更残忍，机会性猎食的能力更强，更敢于到村落民居盗食家畜禽，而且吃惯某种猎物的它们会连续捕食同样的猎物，譬如说，有专门吃狗和偷鸡的豹，如果不幸吃了人，它就容易成为喜欢吃人的恶魔。

豹子尽管凶悍，毕竟在攻击力上比较弱，受害者只要敢于抗争，取胜的机会还是较大的，中原地区就有过徒手擒豹多只的猎人。以往豹子伤人可能是它们吃过倒毙在野外的尸体，从而养成了它们吃人习惯的缘故，随着野外“倒殍”状况的绝迹，我国已经多年没有关于豹子伤人的报道了。

【狼】

狼是背负恶名最多的动物，名副其实的“声名狼藉”，“吃人”只是诸多坏名声中的一个，人们对它们深恶痛绝主要还是源于它们曾经对畜牧业的大肆破坏。在以农耕为主的年代，野狼对牲畜的残害确实是严重的，那时候，在全球各地的狼都面临人的围剿，以至于到现在人们的习惯思维依然没有纠正，在孩子心目中，“大灰狼”就是坏蛋的代名词。

狼是集群活动的食肉动物，捕猎时配合有序，行动锲而不舍，极有效率，尽管如此，关于狼伤害人的可信报道依然不多。我丝毫不怀疑一定数量的狼群对妇孺具有伤害力，但是关于狼群杀伤力的许多传闻明显缺乏事实根据，有夸大之嫌。例如说西部的狼在冬季会集成数十甚至上百头的大群，连卡车都敢围困的传闻就颇为可疑，尤其是说它们会跟人连续数日进行对峙就更不可信。那样的大群活动必须有大量的猎物作为保证，设想一下，那么大群的狼即使撂倒一头大鹿或骆驼，每头狼分到的肉不足以吃饱，因此它们不可能采用这种非常不合理的狩猎方式。动物学家观察到的野外狼群很少超过20头，那样既能有力量对付大型猎物，又使群体不至于发生食物危机。

从能力上看，饥饿的狼群对落单的人有一定的危险性，特别是力量单薄的妇女儿童。鉴于狼捕食的手段是明显的追逐和围攻，很少偷袭，在有狼群活动的地区，人们的警觉性都比较高，因此狼群能够得逞的机会不会太多。事实也正是如此，关于狼伤害人的可信报道极少。当然，被狼攻击的案例是存在的，人尚且会被家养的犬攻击，具有野性的狼攻击人毫不奇怪，吃人跟伤人是不同的概念。综合起来看，狼应该被列为有吃人嫌疑的动物。

许多动物图鉴和科普书中狼的分布范围几乎遍及我国各省区，但是现实中我国野狼的数量已经非常稀少。

美国黄石公园中重新引进狼以控制在那儿过度繁殖的鹿，如今公园内被鹿过度破坏的植被已经开始得到逐步恢复。据报道，现在人们已经开始认识到狼在生态平衡中起到的积极作用了。

【美洲虎】

作为美洲大陆上最有力量的大型猫科动物，美洲虎伤人的情况与虎在亚洲，狮在非洲伤人的情况差不多。这种有着类似豹的花纹，虎的体型的美丽动物面临的情况与狮、虎的景况相似：栖息地的迅速缩小和人类的大肆捕杀。

在不远的将来，这种有能力吃人的动物可能会从美洲的森林中消失，关于它们吃人的恐怖也会随之成为过往，像湮没在丛林中的古老文化遗迹那样仅供人们凭吊、回忆。

英文称为Puma的美洲狮经常被异域的人与美洲虎相混淆。美洲狮在生理结构上跟猫更接近的“大野猫”，成体身上无斑，不能像狮、虎那样吼叫，体型比美洲虎小很多，没有吃人的记录。

【熊】

棕熊和北极熊在个头上比狮、虎更硕大，力量上也丝毫不逊色，它们是杂食动物，偏爱肉食，在合适的机缘下，伤人或者进而吃人是很自然的。

憨态可掬的熊类给人的第一印象并不是凶恶，这也正是它们的危险之处，人们措不及防地就被“大玩具”伤了。

自然界有这样一种规律，即体型庞大的动物需要用比较容易得到的食物来维生，因此大象、犀牛、河马等巨兽都是用植物作为主食的，大洋中的须鲸则吃数量庞大的小虾。熊类可能处在选择食物的临界点上，身体结构上是典型的食肉动物，但是要获得能满足它们大胃口的肉食方面显然有困难，于是不得不采取吃部分植物或耐饥能力增强这样的生存策略。

熊伤人的情况多半发生在人与它们的陡然相遇时，人对熊的危险性估计不足。譬如，国内就很少有人知道它们可以跑得几乎像马那样快，有些人还幼稚地认为它们不吃死尸！因为在习惯上不常见到棕熊那样的种类大肆捕食大型动物，所以错误地认为它们大概不吃大动物，殊不知它们至少机会性地从其他捕食动物口中掠夺一些腐肉之类的食物。从机敏性方面看，它们不容易捕捉像鹿那样灵活的动物，但是人类的运动能力比大多数野生动物都差，那就另当别论了。

熊类在有人居住的地区常光顾垃圾堆那样的免费午餐场所，跟人的冲突并不直接，不幸的伤人事件或多或少地归因于我们不了解熊的行为习性。在国外被熊伤害的案例中，试图过分接近它们的摄影师和观光者占了很大的比例，熊感受到压力后出于自卫的初衷而伤人。北极熊的情况跟棕熊相似，动物专家称，带着幼仔的母熊和发情期的公熊尤其危险，但是只要我们在同这些大动物打交道时小心谨慎，许多悲剧是完全可以避免的。

熊家族中的黑熊、马来熊、眼镜熊和懒熊有伤人的事件，但没有确凿的吃人证据。

【大型爬行类】

巨蟒和大型鳄鱼（如湾鳄、尼罗鳄、美洲鳄）有伤人和吃人的记录，尤其是大鳄鱼伤人在某些地区还有相当多的报道。从生理特点来看，活得很长的某些爬行动物只要不断得到食物营养，理论上就不会停止生长，体型因此可以长得很大，曾经有蟒和鳄鱼的体长接近9米的记录，那样的庞然大物吃人毫不困难。如今体长超过3米的蟒和鳄鱼都很难见到，就体型和力量而言，它们吃活人就不那么轻而易举了。

冷血的爬行动物在行为上有相当的不可预见性，它们攻击并吃掉任何能吃下的食物，对人的威胁不可小视；另一方面，由于它们的样子丑陋，人们对它们的不实描述也占到相当比例，例如20世纪五六十年代，大陆的一份权威报纸上曾报道过华中某地发现“数十米长，粗如水桶，据说可以吞下大象的‘巴蛇’……”国外的动物学家以为发现了新物种，后来实地调查才发现事实真相在反复的转述中被夸大了。

国产的蟒和扬子鳄个头都比较小，国内没有大型爬行动物吃人的确切报告。多年前香港电视台报道过一条蟒吞了一头牛犊，并且有清晰的镜头拍摄蛇被泼凉水后吐出牛犊的情景，那可能是比较具有戏剧性的一幕了，假如那样的蛇要吞下一个孩子，从理论上讲是可能的，但是这与它捕食并吃掉一个人还是有现实差距的。

【鲨鱼】

作为海洋中的终极杀手，某些大型鲨鱼（如大白鲨、双髻鲨、某些种类的鼠鲨和虎鲨）是潜水、冲浪和游泳者的梦魇。近年来依然不断有鲨鱼伤人的确切报道，因为环境特殊和鲨鱼猎食的场面血腥的缘故，发案总数十分有限的鲨鱼伤人事件带给人们的印象却是极其深刻的。

人类生活在陆地上，按理说不该是鲨鱼食谱中的内容，然而人类在海洋中的活动增加了危险性——人类在很多情况下是被鲨鱼当作海豹、海狮那样的动物追逐并杀害的。

有的专家推测，鲨鱼在判断食物种类的精确性上可能有问题，因为它们会吞下救生圈、椅子那样明显的异物，依它们的想象，救生圈或许是一种以前没见过的海龟，而漂浮的椅子可能是巨鲸的残骸，于是把穿着深色紧身保暖胶衣的人当成海豹也并不奇怪。

被吓人地称为“杀人鲸”的虎鲸没有吃人的记录，或许它们能精确地区分海洋鳍脚兽类和人类的差别。最大的齿鲸——抹香鲸吃大型软体动物和鱼，却不吃人，它们生活在远洋，并且下颏很弱，适合吃比较柔软的食物，它们不吃海洋哺乳类，想必对人也不感兴趣。

最大的鲨鱼——鲸鲨和姥鲨却是不吃人的，它们像须鲸那样以大量的小鱼虾为食，体型庞大的动物不一定凶狠，这是前面已经提到过的。

补充一点，有些国家的海员依然保留着将死去同伴进行“海葬”的习惯，鲨鱼如果吃掉那样的遗体，不能算是真正意义上的吃人，尽管有时会被正好捕获并解剖鲨鱼的人误解。

南美洲的某些水域中生活的皮拉鱼（亦称虎鱼或红腹银鲳）是一种群居性的中型脂鲤科鱼类，具有很强的腭和锋利的牙齿，可以撕碎误入水中的大牲畜，在极端的情况下，人当然也会被撕碎，所以它们有了“食人鱼”那样恐怖的名称。由于掠食方式血腥，大家都认为它们是人类杀手，其实皮拉鱼分布在人烟稀少的丛林，而且并不是凡有这种鱼的水体都危险，只有当水中的皮拉鱼聚集到一定密度，并且它们都饿得发疯的时候，才会攻击大动物。这样一来，能被食人鱼伤害的人实际是很少的。以前的水族店里有这种身体银色，肚腹橙红色的鱼作为观赏热带鱼出售，我自己就养过这种鱼，给人的感觉是它们在势单力孤时比较害羞。后来政府查禁这种鱼，大陆市场上很少再见到这种漂亮的鱼了。之所以要特别提一下这种不能被列入“食人动物”的小鱼，是因为至今仍有人在互联网上将它们列入“吃人最多”的动物之一。名气不等于事实，登陆一下巴西、委内瑞拉等国的新闻网站，相信大家不会看到鱼吃人的新闻。如果人被丢进一间装满饿急了的老鼠的屋子，人同样会被吃，老鼠当然不能算食人动物。

前面罗列了全球“吃人动物”的基本情况，现在要讨论一下动物为何吃人的问题。通过对全球发生的动物伤人事件的分析汇总，可以归纳为以下几种情况：

动物在无意中伤了人并尝试吃人，以后将人当作特殊的食物；

受伤、体弱的动物无力捕捉常规的动物，被迫改吃比较容易捕获的人类；

受到过人类的伤害而反扑或蓄意报复；

人类不当的行为使动物感到安全受到极大的威胁，觉得没有退路而做困兽之斗；

误闯动物的领地，特别是那些处在繁育敏感期，情绪容易紧张激动的动物因自卫而伤人；

误将人类当作外形相似的常规猎物进行捕杀；

自然界没有足够的食物，被迫吃人。

……

诅咒和报应

人类对于动物而产生的恐惧感在很大的程度上不仅来自它们的爪和牙，而且还在于人们相信它们身上所具有的可怕精神力量。关于动物崇拜和狩猎巫术的历史，可以追溯到旧石器时代，那时候的人类对自然历史的了解处在懵懂时期，无法解释动物所具有的强大体力，灵敏的感觉和飞翔能力的由来，身处地球不同地域的先人们不约而同地把身边具有某种人所不及能力的动物奉为神灵和自己的祖先，譬如能用后退站立的熊在古代印第安人及我国东北、西南少数民族祖先眼中就是必须敬仰的神灵化身；澳大利亚土著认为食火鸡是自己的祖先；印度教徒认为白色的牛和长尾叶猴神圣不可侵犯；古代埃及人把猫当成最神圣的动物等。

人类以精神和智慧见长，在行为上极其敬畏能够产生精神力量的动物，即使是在科学已经发展到能够解释某些自然现象的时代，潜意识中人们还是宁可相信大自然中精神力量的存在以及对人的控制能力。是否迷信是由人的世界观决定的，跟科学的昌明，认识的深化几乎齐头并进。系统的迷信自诞生以来从未有过实质性的改变，有时只不过做了形式、内容上的微调，例如将崇拜的对象从野生动物转化为身边常见的动物，或是将动物再转移成人形的造物主和上帝。20世纪末，美国的一个研究人文科学的小组在全球18个国家的15万不同阶层和文化背景的人中作了一项调查，结果绝对相信迷信和绝对不相信迷信的人几乎各占一半，随着年龄增长、精神压力增强和对人生价值的重新思考，迷信和不迷信的比例可能还会发生变化，原来不迷信的人可能转而迷信，以试图摆脱某些精神上的痛苦。迷信是人类的一种意识形态，或者说是人类精神能力的副产品。

回到动物的话题。由于人们在潜意识中对自然的迷信，把动物行为神秘化、戏剧化正好契合了大家对动物的某些主观想象，所以大众偏爱那些带有神话色彩的动物故事而不是实际的实验观察数据，这也是动物科普宣传工作者感到比较棘手的问题。

诅咒和报应是被邪恶化的迷信。

诅咒是传说中将来一定会兑现的恶毒预言。人们有意无意地保护某些被认为对自己有益的动物（例如帮助捕鼠保粮的猫，帮助耕作的牛）避免它们被同族或异族的人伤害，或者出于对某种动物的敬畏，希望其不要伤害自己或宽宥自己的过错，于是想象出一系列严重的后果，意图使人们遵守大家都该遵守的规范。一般的禁忌在威吓力上显然不够，所以必须要在精神上施加压力。譬如，古印度有许多虎神庙，对虎的崇拜使当地人笃信老虎是上苍的使者，只吃有邪恶灵魂的人，即使他们知道吃人虎藏在何处，也不敢说出来，因为谁胆敢对这样的事进行揭发，附在虎身上的邪灵就会找到你，下一次就轮到你被吃了。地球上现存的许多部族迄今还保留着在每年的某些特定的日子必须要祭拜某种动物的习俗，尽管他们平日依然捕食那样的动物，仪式照样还是举办得庄重而虔诚，祷告被吃的动物灵魂安息，保佑他们日子兴旺，子孙繁衍不息。小时候常听老人说，在自家屋里筑巢的燕子是不能伤害的，否则家里会有被火焚烧的厄运；屋里出现的蛇是“家蛇”，谁伤了那样的蛇一定会倒霉……从人文的角度看，人们对动物附加诅咒的想象，体现了很朴素的自然观，客观上起到了保护生态，维持自然平衡的积极效果，不该一律斥之为消极的迷信。

报应是指某人在做了某件事后，必然会得到某种相关的结果，当初的本意大概是要劝诫人们按照一定的规范去行事，尤其不要做违反天意人愿的

黑化的美洲虎给人一种神秘恶魔的感觉

事情，否则一定会有可怕的后果。喜欢古典文学和民俗文化的朋友们一定对“隋侯获珠”、“田螺姑娘”、“许仙和白蛇”这样的关于“因果报应”的动物故事耳熟能详。我们以往把某些无法做出解释的结果归因于过程，而按照现代的逻辑学观点来看，那样的过程与结果并不存在必然的联系，是某种牵强附会，但是我们无法否认其中蕴涵着“劝人从善”的古代思想文化博大精深的光辉。

诅咒和报应之所以让人们感到恐惧，是因为人们潜意识中试图打破设置了种种限制的规范，又担心传说中的后果真的会出现。从能力和认识水平看，原来感到神秘的动物已不再神秘，许多以往无法解释的现象如今可以有合理的解释，能够让我们心存顾忌者，只是多年传承下来的说法，传统的力量使我们在行为和意识上不至于走得太远。

被妖魔化（神化）的动物

在残酷的自然竞争中，动物的能力总是朝着最利于其生存的方向发展，有些机能在物竞天择的进化过程中几乎达到了极致。我们的祖先很早就注意到诸如鸟儿的认巢能力，猫科动物的夜视本领，食草动物的奔跑速度，昆虫预测天气的感觉这些令人类望尘莫及的“超能”。因为羡慕动物的这些能力，才衍生出多种的联想，在这里要谈谈那些让我们感到脊梁发麻的被夸大的力量。

虎豹那样的大型食肉猛兽被描述成具有巫师那样摄人魂魄的能力完全可以想象，可是人们甚至赋予那些不起眼的小动物以可怕的力量，探究造成这种情况的原因，大概可以用几个世纪以前法兰西修道士皮埃尔•拉乌的一句名言来回答：“魔鬼没有不借助野兽的躯壳而还魂的。”普通的动物一旦同人的精神挂上钩，它就注定要被妖魔化。

猫历来是令地中海沿岸国家的人们又爱又怕的动物。现在的人看来，它们只是些善于在黑暗中捕鼠的小动物，可是在古代，它们在一天中不同时刻瞳孔形态的变化，走路时的悄无声息，从高处跌落而无恙的身手，都被人们当作神魔现象来看待。古代埃及的贵族把猫当成最神圣的动物，坚信每只猫身上都附有一位祖先的灵魂，一些神灵的外貌也被塑造成猫的外形。家中的猫死了，家庭成员要为之发丧，制成木乃伊，用金银的棺材埋葬。1860年在埃及发掘的一处墓葬中，竟统计到18万只“圣猫”的遗体！崇拜猫的风尚也波及古希腊和古罗马，并且借助宗教的力量，把迷信扩散到欧洲的其他地区，至今人们都相信黑色的猫在特定的时间和场合出现，会给看到它的人带来好运，以黑猫作为吉祥物的民间团体比比皆是。猫的神秘也被中世纪的欧洲教会当作“清除异教徒”运动的工具，猫一度被宣布为是妖魔，特别是妖女、巫婆的化身，因为它们在黑夜悄无声息地到处活动，窥探人们的隐私，做各种邪恶的勾当。据称在中世纪有十多万女性被教会以“施展巫术”的名义烧死或私刑处死，理由简单到难以置信：只因为她们长得太丑或太美，并且还有重要的证据表明她们有罪——她们都与猫有着联系，有的家中养猫，有的仅仅是由于情不自禁地称赞过某只陌生的猫！从某种角度看，她们是被猫杀死的！在如今西方制作的卡通片中，黑猫不是经常依然会以骑扫帚女巫贴身宠物（或帮凶）的角色出现吗？

蛇也是一种常被与神魔联系在一起的动物。无足而能迅速前进，能吃掉比自身大得多的猎物，还有在后面将要提到的使人麻痹的毒液，足以让人们对它们产生出很多的神秘感，当神秘感积累到一定程度，疑惧必然因此而生。时至今日，依然有很多怕蛇的人相信，鉴于蛇不会发声，只有通过心灵交流的手段才能控制蛇，玩蛇者都是具有特殊能力的道行高深者，因为他们懂得如何与这种具有恶魔般外形的动物沟通。近年来风靡全球的《哈利•波特》中就有关于主角跟蛇沟通的神秘情节。

蛇杖标志如今已经世界通用，可见蛇的影响力

许多人迷信蛇具有催眠的力量，不像别的动物那样追逐猎物，而可以使猎物自动跑到它的口中送死。仔细观察蛇的捕食行为不难发现，它们基本上都采用缓慢接近，突然出击的攻击策略，尤其是在咬住猎物之前的一瞬间，身体是静止不动的，那样会使被捕食的目标在短时间内因为要判断形势而出现同样的静止，仿佛被催眠了一样，这样的局面有利于蛇找准猎物的致命部位下口。

全球各大洲的原始文化中都不难发现蛇的踪迹，从古代南美玛雅文化中的羽蛇神，到古罗马医神埃斯库拉手杖上的蛇，从关于埃及艳后克罗奥芭特拉和她那著名的眼镜蛇的故事，到中国古中原文化中的龙和女娲“人身蛇尾”的特殊传说，蛇都在扮演着比单纯的生物意义上的蛇更丰富，同时也是更神秘的角色。

由于人类在夜间的感知能力受到影响，我们对黑夜下的世界充满各种猜想，因此在科学不发达的年代，那些在夜间活跃的动物必然成为神秘故事传说的主角。蝙蝠和猫头鹰是比较典型的夜出型动物，在很多地方，它们是恐怖、死亡的代名词，有趣的是，地域文化的不同，使得传说的内涵在不同的地方有着截然不同的注解。譬如，西方把吸血鬼描绘成硕大的蝙蝠模样，蝙蝠代表着恐怖，而中国人因为蝙蝠中的“蝠”字与“福”同音，而被当成祈福的吉祥物；猫头鹰在中国民间风俗中是昭示死亡的“凶鸟”，但是西方人却喜爱它们睿智的大眼和沉思的表情，将它们当成智慧和饱学的象征，它们除了有幸与智慧之神雅典娜一起被描绘外，最经典的外形是架着眼镜，头戴博士帽，风度翩翩的学者。

被妖魔化或神化的动物还有许多，例如，具有不寻常体色的大象和虎，身边通常能见到的牛、狐狸、公鸡和燕子，长得比较大的鳄鱼、龟和鱼……，如果将它们的名单罗列出来，足以开一个相当规模的动物大派对。

与吃人的野生动物比起来，那些在精神而不是在肉体上折磨我们的动物更显得恐怖，但是这样的恐怖其实是人们在特定的文化、宗教氛围下自己制造的，可笑或者说是可悲的是，时至今日，依然有人以此为借口，残害那些本来就无辜的生灵。

第二节　凶恶感的形成

吓人的外貌

我们经常通过眼睛来给别人暗暗“打分”，但是很少会吸取“看走眼”的教训，有时候理性上明知“长相困难”的人不见得就是恶人，但是依然不愿意走得太近，视觉给人的判断力造成的影响实在是太大了。

从外表上看上去一眼就让人喜欢的动物并不多（喜欢动物毛皮或喜欢吃

它们肉的情况除外），那些食肉的种类，常给人以凶恶的印象；爬行动物给人的第一印象是丑陋；许多人喜欢蝴蝶的成体，而更多的人则会厌恶甚至害怕它们的幼体（毛虫）。

动物的长相当然不是长给我们看的，每一种形态都应该在其生活的环境中起着某种作用，朴素的体色是为了隐蔽，斑斓的色彩在斑斓的环境中也有伪装的作用，故意让对方发现有时是一种警告，长长的尾巴是爬树的“安全绳”和实用的“苍蝇拍”，头上的犄角是御敌和找“对象”的利器……

对美与丑的判断标准受到风俗和文化的影响甚多，将动物打上人文的烙印并不公平。只因为人类喜欢光滑的肌肤，因而对癞蛤蟆产生厌恶的感觉就显得滑稽可笑，但是我们确实经常用人的审美标准去衡量动物，线条流畅的鸟、洁白的兔子、多彩的昆虫讨人喜欢情有可原，可是我们没有必要因为有的动物在外表上的特别，而将它们归入危险、有害、邪恶的档案中作为另类处理。

随着地球上各种文化的交流和交融，各地各民族不同的审美观点有时被摆到了一起来评判同一个对象，给大众的审美判断力提供了多元的参考。应该说，如今顽固地坚持说黑猫是“撒旦使者”的人越来越少了，更多的小姑娘还玩起了蛇和蜥蜴这些曾经让大家起鸡皮疙瘩的另类宠物，以貌取（动）物的现象正逐渐远离，科学使我们接近动物，了解它们的真实习性，慢慢地改变原来的主观，进而开始喜欢上它们。

关于动物的毒性

人们对于有些动物的恐怖看法在多年来一直难以有本质上的改变，它们就是那些所谓“携带生化武器”的有毒动物。世界上的有毒动物分成两大阵营，一类是具有进攻性含毒器官（毒牙、毒刺）的种类，常见的如各种毒蛇、毒蜘蛛、蝎子、某些蜂和蚁，以及一些带毒刺的海洋鱼类；另一类是身体组织（如血液、皮肤、脏器）被动地含毒的动物，如河豚、某些贝类，有毒的蛙和其他一些内脏营养含量异常的动物。

有毒动物对人的危险性经常有被夸大的情况，除了种类有限的毒蛇能致命外（我国有毒蛇约48种，能致命的不过10余种而已），有的资料称蜘蛛的毒比毒蛇更厉害多少倍。但是毒液的伤害力要从毒性和注毒量两方面来衡量，蜘蛛的毒性虽大，但是注毒量微乎其微，远达不到生理上的致死量。毒鱼和毒虫蜇人后通常只能造成人的痛楚和麻痹，只有极少数具有特殊过敏体质的人才会因为过敏反应而发生危险。即使是那些毒性猛烈的蛇咬了人，施救及时也常可以脱险，传说中的“五步倒”、“见血封喉”的情况在实际上是极其罕见的。

没有哪种有毒动物以人为食，所以它们主动攻击人的说法是没有根据的，有毒的动物（对于人来说）都是比较弱小的，没有任何一种有毒动物刻意地要吃人或主动攻击人，人们受害主要是被这些小动物防卫性地咬（蜇）伤的。缺乏必要的常识才是造成我们被有毒动物所伤的主要原因。在野外活动时不要试图去捕捉、逗引自己不熟悉的小动物，缺乏野外经验的人走山路时应尽量避开溪流、岩隙、杂草丛等毒蛇喜欢栖息的地方，手持一根细棍探索前方的路，也有助于惊走躲藏着的毒蛇。

相当多的时候，人都是通过吃的方式被动物毒害的。因为我们无法确切知道它们在外面接触过什么有害物质，譬如，许多动物所吃的食物中含有毒性，它们自身不会有什么不适，但是毒素会在它们体内蓄积起来，让吃它们

剧毒的蓝环章鱼

的人中毒，最典型的例子是某些海洋无脊椎动物，鱼类和蛙类，被称为肉毒性的动物。虽然没有精确的统计，不过动物学家普遍相信，每年死于有毒动物的人数要远多于被动物直接咬死的人数，当然，因误食而造成的中毒占了很大比例。

没有相关知识的人很难辨别有毒动物。我本人认识很多有毒动物，但无法用归纳性的语言来描述有毒动物一眼就能被识别的明显外部特征。就拿毒蛇的辨别来说，有的书上介绍如何从形态上来区分有毒蛇和无毒蛇，其实那未必是可靠的，动物是否有毒，跟其外形没有直接的关系，不同种类的毒蛇分属不同的科，而不同科的蛇在外形特征上都是不同的，例如，眼镜蛇和五步蛇都是剧毒蛇，前者圆吻、长尾、少斑，而后者却是尖吻、短尾且多斑。对于毒蛇和毒虫，关键是看它们有无用来注毒的毒牙和毒刺，这当然也不是很实用的知识，因为我们不太可能先把它们抓起来仔细检视它们到底有没有那样的器官，有时候只有在被咬（蜇）之后，才发现它们是否有毒，届时就显得太晚了。保险的做法是不要轻信书上的所谓“窍门”，不要轻信自己的感觉，离可疑的动物远一些。

出于对有毒动物的恐惧，我们会凭空捏造一些所谓的剧毒，冤枉有些本来没有毒的动物。大概是相信了“越美越毒”的古话，中国古典文学作品中的“孔雀胆”、“鹤顶红”都是极美极毒的东西，其实应属无稽；还有在很多古籍中提到的“鸩”，应该是一种鸟，据说用它的羽毛在酒中划一下，就成为能毒死人的“鸩酒”，从文字的描述看，它很像如今的蛇雕或者黑鹳，如今大家都知道，它们是完全无毒的。

值得指出的是，有些看似无毒的动物，倒可以在不经意间使人中毒，譬如食肉动物（熊、犬）的肝脏，某些鱼类（青鱼、鲤鱼）的胆，被人当作药物偏方吃下去的话，严重的可能会有生命危险。中国古代的名医早就已经在他们的著作中告诫过人们不要滥吃野生动物，信然！

互残与自残

同种相残是严重违背人性的行为，虽然人类是实质上自相残杀最厉害的生灵（战争、同僚的倾轧、排挤皆可归入自相残杀的范畴），但是毕竟没有野生动物那样活生生、血淋淋的撕咬和吞噬行为，当动物中出现同类相残的现象时，假如以人的道德标准去看它们，它们无疑是相当邪恶的。

在集群的动物中，成兽杀害幼兽的事情并不少见，譬如，狮子、黑猩猩、海豹甚至像野马那样的食草兽都有杀婴行为，主要是新成为群体首领的雄兽杀掉前任兽王的后代，以促使母兽尽快重新发情繁殖，早日产生属于新首领自己亲缘的后代，从而巩固自己在群体中的统治地位。然而吃掉同类的情况在群居动物中却是极其罕见的，雄狮那样的纯肉食者也不吃被自己杀死的幼狮。在某些“动物科普”书中，狼常被描述成冷酷地吃掉同类的典型，其实集群活动的动物是最讲究秩序和团体意识的，同伴是组成共同利益的基本条件，同类相残无异于自断手足。通常情况下自相残杀的事也不可能发生在狼这样相互依赖性极强的物种之中。

同胞相残的现象也是某些动物适应环境的特殊手段。某些种类的胎生鲨鱼幼体在母鲨的肚子里就开始吃掉同胞，最终诞生的只是少数最强的后代。绝对的繁殖数量虽然少了，但实际的成活率却不会受到影响，因为幼鲨是经过生死搏杀后幸存的强者，它们适应环境的能力自然不同凡响。许多猛禽也是经过同胞的生死考验后成长起来的强者，已知如大型的雕，某些种的鹞、隼，还有几种体型较大的鸮（猫头鹰），在开始繁殖时孵出的是几只雏鸟，而等到幼鸟离巢时，往往只剩一只——弱小的“弟、妹”都被它吃掉了！不可思议的是，父母经常是实际的凶手，在食物缺乏的时候，亲鸟会杀掉较弱的雏鸟，以保证最强壮的后代能存活。

一些天性比较神经质的独居动物，如啮齿类和某些猫科动物，有时在受到外界极强的应激刺激的情况下会咬死或吃掉自己的初生幼仔，导致这种杀婴行为的机制可能比较复杂，牺牲后代或许是为了避免巢穴暴露，对于那样的动物来讲，只要巢穴安全，繁殖活动在以后仍可以再次进行。如果幼仔已经长大，有一定的活动能力，母兽则不一定杀死幼仔，而是带领幼仔转移到安全的地方，可见动物会权衡行为的利弊得失，采用比较有利于生存的策略。

我相信成年动物将自己后代当成食物的例子并不罕见，特别是那些不能认识自己后代的低等动物，如一些产卵的鱼会吃掉部分同类甚至是自产的卵。为了争夺配偶和领地，蓄意破坏同类的巢穴，杀死巢中幼仔的情况也是屡见不鲜的。同类相残的案例基本上都发生在成体消灭幼体的特殊形式下，在有的作品中描述的成年同类动物之间因为饥饿而互为食物的情形是不真实的，因为将自己同类当作食物的动物在寻找配偶进行繁殖时会遇到无法调和的困惑。有些雌性蜘蛛和螳螂确实会吃掉个子小得多的配偶，那可能是它们在一生的大部分时间，或者说自一开始独立生活后就没有见到太多同类，它们理所当然地捕食弱小者，敢于接近它们的雄性自不例外。造物主在冥冥中仿佛故意让雄性与雌性在形体上相差悬殊，好让雌性得到额外的蛋白质孕育后代，当然，即使是蜘蛛和螳螂这样比较极端的例子中，雄性也并非必然会以自身的生命作为交配的代价。

自残在文明社会的人类看来也是非常冷酷的行为，动物中的自残行为在某些类别中却比较普遍地存在着，最著名的如蜥蜴断尾、海参抛肠、节肢动物（如蟹类和直翅目昆虫）弃足等。自残的唯一目的是保全性命，被舍弃的器官作为转移掠食者注意力的一种诱饵，自身则乘机摆脱追捕。这些动物将我们看来触目惊心的自残作为特殊的求生策略，而在生理上，它们的某些器官也相应地具有了特殊的适应性，被舍弃的器官通常过一段时间还能再生。

鸟类和兽类有时会有貌似自残的行为，譬如，家养的鹦鹉会啄拔自己身上的羽毛，宠物猫会过度舔舐身上的毛而造成局部的斑秃。这些行为的出现是由于它们被人不恰当地驯化，原来的野生社会性丧失，而主人又不能适时

灰狼被认为是同类相残的代表，实际上良好的社会性决定了它们绝不可能以同伴为食

满足它们必需的社会性需求，在缺乏安全感的情况下，焦虑情绪使得它们机械地重复梳羽和理毛这样的动作，过度的动作导致了掉羽、脱毛这样的实质性损伤。在个别比较极端的例子中，平时不具备自残行为的野生兽类也会果断地实施自残，例如，鼬科的动物在自己的足或尾被猎人的铁铗夹住后，会咬断被夹住的足或尾而逃生。

我们实在不该将自己的意志强加在动物身上，也不该用人类的道德观看待动物。因为动物面临的生存压力要比我们大得多，比起全军覆没的后果来，自残和互残有时不失为一种更有效的“丢卒保车”策略。其实人类在极端的情况下也可能做出惊心动魄的非常行为来，史书中记载，古代的城池被敌方围困多日后，城中断粮，守城军民为显示抵抗决心，不也照样“易子而食”吗？以前还读到一则故事，有一架客机在冰天雪地中失事，乘客中数人幸存，援救久久不至，幸存者不得不以遇难乘客的遗体充饥，最终得以生还。关于这则故事的真实性如今无从考究，但是我倾向于相信，在生死抉择的关键时刻，文明规则有的时候会在求生的原始本能面前显得苍白无力。人尚且如此，我们还能怎样要求时刻都面临生死抉择的野生动物们该有怎样更“文明”的表现呢？

食尸和吸血

无论是西方还是东方，人们都讲究餐桌礼仪，父母经常告诫孩子吃东西时不要发出很大的声音，不要将餐具当玩具，不要将食物抛洒在碗外，不要淘挖、挑拣盘里的菜，不要……我们都是在这样的教导中长大的，甚至我们养的宠物，都被教导吃东西要斯文。

从感情上我们会认为食草动物并不凶恶，因为它们的吃相比较被我们的习惯所接受。作为主食的草和树叶要一点点地采集到嘴里，而且环境中的植物资源较丰富，基本没有食物竞争的必要，所以它们吃东西时完全可以慢条斯理地细嚼慢咽。这一节我们要讨论的是那些“吃相很难看”的食肉动物。

捕猎本领再高强的猎手也不能保证每次出击都能成功，于是它们经常要挨饿，在那样的情形下没什么矜持可言。鉴于食肉动物每次得到食物的机会都是宝贵的（鲸鱼吃小虾那样的极端例子除外），同时，餐桌礼仪对于吃饱和营养的吸收没有什么特别的意义，所以食肉动物们进食时全然没有我们进食时的那种温文尔雅，用“狼吞虎咽”来形容它们的吃相是最贴切不过的。

它们信奉的原则是：只要找到能吃的，就赶快先吃进嘴里再说，它们要尽量在最短的时间内吃进尽可能多的食物，因为下一餐还不知道何时才能得到。

我们有充分的理由相信，大多数的食肉动物没有人类那样挑剔的口味爱好。在食肉动物的类群中，只有蛇类和一些两栖类动物以新鲜捕到的活食作为主食，其他食肉动物都是机会觅食者，在无法捕到新鲜的活食的时候，它们也抢夺或偷窃其他动物的捕猎成果，包括各种动物的尸体。狼是众所周知的食肉动物，在肉食匮乏时，它们也以浆果那样的素食充饥。

光是从动物的食物构成和取食方式上判断动物是否邪恶是很不公平的。说到吃尸体，听起来似乎是件非常邪恶的事，仿佛只有魔鬼才那样做，其实我们人类吃进的肉食也不是直接从活着的牛羊身上啃下来的，精细的烹调不能改变我们在一定程度上也是"食尸者"的事实。

"肉食"是个含糊的概念，但有时候我们还是把动物的食性划分为"肉食"、"素食（植食）"、"杂食"和"虫食"四大类，在这样的分法中，"肉"的概念在狭义上被限定为"兽、禽、鱼等具有明显肌肉组织的胴体"。

即使是这样的划分，依然不能涵盖所有的动物食性，譬如说，有些动物以血液为主要营养来源，我们习惯上用"吸血鬼"这样的词来描述它们。

昆虫中的双翅目是个"吸血鬼"的大家族，其中的蚊、蚋、蠓、虻都是刺吸觅食的，它们的雌虫以其他动物（包括人）的血液作为营养来源。因为昆虫本身很微小，我们被吸掉的血微不足道，看起来它们似乎是不会夺走被猎食者性命的"仁慈杀手"，其实由于它们从不同的宿主身上吸血，各种病菌也通过这种特别的途径迅速传播，疟疾、丝虫病、黄热病、乙型脑炎和昏睡病主要就是通过这些吸血昆虫传播的，每年因此而丧命的人数远远超过被直接咬死的人数，说它们是吸血鬼丝毫不夸张。还有一些诸如虱、蜱、螨之类的小动物也都是吸血为生的，只不过它们不像双翅目昆虫那样四处飞着随机吸血，而是固定地寄生在宿主身上，这样使寄主很不舒服，不过疾病传染的风险相对却少了。

较大的吸血动物毫无疑问地给人相当恐怖和诡秘的印象。产于美洲的两种吸血蝠是哺乳类中罕见的"吸血鬼"。虽然它们比起蚊子和跳虱来要大很多，但是在绝对的体型上也就跟普通的蝙蝠差不多。这些小家伙在黑夜从栖息的山洞中溜出来，飞进农场那样有较多牲畜的地方，在地面上爬着接近

吸血蝠

牛、马，用锋利的刀片状牙齿咬开那些大动物的蹄或背部那样皮薄而血管密集的部位，悄然舔舐暂时不会凝固的血液。据说它们也会爬近熟睡的人，吸他们的血。它们不会造成立即致命的伤害，不过在吸血蝠频繁出没的地区，被经常叮咬的牲畜也可能出现贫血症状，比较可怕的是，有些吸血蝠能通过更换宿主而将动物的狂犬病之类的疾病传播开来。欧美的宗教传说中有一种叫做“吸血鬼”的恶魔，白天幻化为人，晚上则变成长着白森森牙齿的硕大“蝙蝠”，到处去害人。

喜欢机会性地饮血的动物有不少，因为血液毕竟营养丰富且容易消化。小型食肉兽在无法吃掉较大的猎物时，会先喝猎物的血，譬如，黄鼬就是很嗜血的动物，它们可以很有技巧地隔着笼子将鸟咬死，因为常常无法将猎物拖走，它们会只将猎物的血舔尽，尔后溜走。很多人不知道鸟类中也有偏爱血液的种类。生活在太平洋东部一些小岛上的地莺是长着尖嘴和朴素羽毛的小鸟，它们也会站到大型海鸟（如鲣类）的足胫上，啄破那儿的表皮，舔吃伤口流出的血。

从古到今有许多人相信，血液是精神的载体，动物吸血是意在夺走我们的魂魄精神，因而对自然和传说中的吸血鬼都深怀恐惧。其实值得我们害怕的倒不是血液的损失，而是吸血的动物会将危险的病菌带到我们的体内。

第三节 动物有道德感吗

在动物行为学的研究中，学者们时常要解释动物某些行为的含义。当动物的生活中存在一定程度的社会活动时，在对待和处理同类、竞争者以及捕猎天敌的关系活动时它们所表现出的行为就成为研究它们是否像人类社会那样具有道德感的素材。“利己”和“利他”是频繁出现的词汇。动物的利己行为很容易理解，譬如杀死猎物供自己或自己所在的群体享用；繁殖期间赶走竞争者；争夺、占领优势的栖息和觅食环境等。我们偶尔也会在研究报告中读到关于动物某些行为所蕴涵的利他倾向，难道动物也有高尚人类所具有的公而忘私，舍己为人的优秀品德吗?

利他行为的分析

动物的捕食与被捕食是一对突出的矛盾，可以说动物的整个生活都是围绕着这对矛盾展开的，我们分析它们应对捕食的策略，就可以评估出它们基本行为的意义。在前面的章节中，提到了美国黄石公园中的狼和鹿，我们就以此为例，对它们的捕食与被捕食行为作一番分析。狼是典型的捕食者，它们的捕猎行为当然具有明显的利己性；就被狼杀害的鹿的个体来说，它们无疑是受害者，但是从整个生态系统来看，鹿群也同样得益于狼的存在，因为狼控制了鹿群的过快发展，保证公园里的植物不被太多的鹿过度采食，那些存活的个体因而能够得到足够的食物，生活得比没有狼的时候更有质量，在这个层面上看，狼的行为同样带有利他性：在一定程度上淘汰了病弱的鹿，也等于保护了其他鹿的食物。

这是个理想化的模式。实际的情形要复杂得多，黄石公园是个相对于自然环境而言的封闭圈子，蓄养动物的数量依管理者的决策而定，不像大自然那样对捕食与被捕食动物的数量有自动的调节，譬如说狼和鹿的理想数量比例就很难用公式去计算，困难很大程度上来自我们提供的不是原生的环境，并且动物所占据的活动领地往往要比它们实际有能力占据的要小得多，也就是说，因为前提就可能有问题，由此得出的结果当然就不能客观准确，仿佛要在小小的水箱中反映大海的基本特点，缺乏很多必要的条件。以狼和鹿的矛盾作为例子，只不过试图表明动物的某种显然的行为不一定只具有一方面的意义，单方面肯定一方，而否定另一方的结论未免主观片面。

从本质上讲，没有证据说明动物具备有意识地舍弃自身利益而使群体或其他个体得益的纯粹利他行为，我们认为动物存在的利他行为通常是出于本能而非刻意。动物在两种情况下较多出现所谓的利他行为，即繁殖期和群体面临天敌捕食的危险时，我们不妨对此进行分析一下。

【繁殖活动中的利他行为】

动物中的鸟类在保护自己的繁殖领地和繁殖成果时常常表现出人们显著可见的利他行为，譬如，不顾安危攻击或引走入侵者或者是义务帮助父母或别的繁殖对抚育后代。

非繁殖期的猫头鹰通常不筑巢（有些营树洞巢的小型猫头鹰除外），白天休息时它会随机选择安静的树枝栖息，有时候栖息的位置正好离其他鸣禽营巢的地方很近，白天清醒的鸣禽对于这样的不速之客自然是又惊又怒，于是鸣叫、盘旋和试探性的攻击都被用在比自己庞大得多的猫头鹰身上，试图把猫头鹰赶离自己的领地。从力量上讲，猫头鹰是一种猛禽，小鸟根本不是它的对手，小鸟的"自不量力"是否表明了它愿意用生命捍卫巢穴的决心呢？类似的情况也见于摄影师拍摄鸟巢时。在地面营巢的百灵、鸻鸟和野鸭在有天敌接近巢穴的时候，会拖着"折断的翅膀"吃力地行走，这当然会引起捕食者的注意，于是捕食者会转而攻击似乎轻易就能得到的猎物，等到天敌被引离巢区，鸟的"伤"自然立刻痊愈，飞之夭夭了。

可以肯定的是，鸟类在做出上述举动时无疑给自己增加了风险，但是必须明确的是，这样的冒险是基于鸟类对于自身的力量和当时形势有充分估计的前提之下的，也就是说，它们不会以自身性命作为代价，攻击猫头鹰的鸣禽和拟伤的那些鸟在紧急时依然可以全身而退。因为巢的主人都应该明白，猫头鹰不善在白天活动，也不善捕捉会飞的小鸟，所谓弱者好欺，它们不敢在雀鹰那样的鸟类杀手面前表演那样的杂技；而假装受伤的情况，只能针对猫和狐狸那样的陆地动物，因为小鸟可以在最后一刻飞起来轻易地摆脱危险。这种在人类看来有些惊险的行为多发生在鸟类这样具有高度机动能力的物种上，它们可以最大限度地干扰入侵者，付出有限的冒险代价而换回后代的安全。

已知鸟类中的蜂虎科、鸦科、鸠鸽科和文鸟科的某些成员以及哺乳动物中的某些营家族生活的种类（如鬣狗、非洲野犬和体型较大的啮齿类）在繁殖期有“义工”现象，也就是已经成熟的个体自己不参加繁殖活动，却帮助别的繁殖个体进行照顾后代的工作。其实这种“乐意助人”的良好氛围下隐藏着这样的严酷事实——繁殖资源有限，空间和食物不允许有太多的繁殖对存在，只有最强大的个体才有资格和能力培养后代。那些不能进行繁育活动的个体通常有两种做法，一种是像狮子和食草有蹄类那样，没有资格繁育的成熟雄性被排斥在繁殖群体外，成为游荡者或结成“光棍群”；另一种做法就是上面提到的帮助繁殖对共同抚育幼仔。

这样的“义工”似乎是一种纯粹的付出，是利他行为，但是动物行为学家也指出这种行为给付出“义务劳动”的个体带来的好处：首先它可以从实习活动中学习到许多照顾后代的方法，为今后可能出现的自行繁育活动积累经验；其次作为最接近繁殖配偶的个体，一旦正宗的配偶发生意外，它们

大象会照顾群中的幼体，而不管其是否亲生

最有可能轻松成为候补者，接管所在的巢区及其资源，延续原来的繁育过程或尽快重新开始自己的繁育活动；另外，参与群体中照顾高等级者后代的活动，可以在一定程度上提高自己在整个群体中的地位，从而得到更多其他方面的实惠。这种行为较之将竞争者或潜在竞争者逐出群体的做法更利于整个种群的发展，因此较多地出现在进化程度和社会性较强的类群中。

【捕食危机下的利他行为】

在面临天敌攻击群体猎物的危急时刻，有些被捕猎群体中的某些个体会不会做出令我们看来是故意牺牲的举动，用自己生命的付出来求得家族的安全？假如这种行为存在且被证实完全是出于主观理性，那将无疑是一种有高尚道德感的利他行为。

野生动物的捕食活动很少被我们观察到，因为它们不会对旁观者视若无睹，我们的存在足以打乱它们的生活秩序，它们的捕猎毕竟不是表演。类似黄石公园特定环境下的狼和鹿一样，我们只能将分析研究的课堂搬到非洲的原野上去，那儿的动物捕食行为更容易被观察到，也更多地为我们所熟悉，虽然由此得出的结论并不能代表各种类型的动物实际的捕食行为，但也应当可以说明一些原理性的问题。

我瞪大眼睛注意播出的野生动物纪录片画面，遗憾的是，无数个真实的捕猎场景中，我一次也没见到传言中的所谓挺身而出牺牲自我的壮举，被吓坏的食草动物们尽管在数量上比起捕食动物来占绝对的优势，但是它们都毫不犹豫地四散逃命，没有什么协调群体，由谁出面做替死鬼的情况发生。我越来越坚定地认为，根本就没有“自我牺牲”这回事。捕猎活动要随着群体中某个倒霉鬼（注意，不是替死鬼）被捕获而结束，狮子、鬣狗或花豹守着猎获物喘息，同时也意味着食草动物们暂时安全了。

我之所以觉得被捕猎群体在面临生死关头不会有利他性的行为出现，是因为我不相信动物们能够决定由谁去送死，除非它们会这样商量：

“老花，下次狮子来的时候，该轮到你了，我们会照顾你的亲属。”

或者在天敌突然出现，来不及做出决定的时候，大家可以这样边跑边开会：

“老黑，上次送死的是老花，这次该轮到你了！”

“不对，这次应该是老白，它得了不治之症！”

听起来很像童话。确实如此。你敢说“自我牺牲”的说法不是童话？

被猎食动物中有受伤，染病或体力不支（年老或年幼）的个体，在四散逃命的过程中更容易被捕食动物捉住，这样的弱势个体不是由被猎食动物群体主动决定的，而是由捕猎动物的行为被动决定的，即所谓自然淘汰，而没有想象中的“利他”的故意。有些情况下，被捕食的动物在面临极端的危险时，也可能会出现惊呆这样短暂意识麻痹的情形，把那样的行为解释成“主动牺牲”也是极其牵强的。

人类的“利他”行为需要建立在坚定的信仰和超越平凡的社会责任感之上，道德不是很高尚的人不会在生死关头为他人舍身，很难想象动物们已经能达到那样的境界。动物的行为在本质上都是利己的，即使存在利他性，也不过是自然选择的结果。即使野生动物有未经证实的道德意识存在，亦不至于已经发展到了崇高的程度。

习性和本性

“性格决定行为”是我们经常说的一句话，在人类社会中，性格就是价值观和世界观的具体体现，它当然影响人们的行为方式。但是野生动物的行为方式可能没有价值观和世界观在起作用，注意，我用了“可能”这样的词汇，因为有的学者认为动物具有比我们原先认为的要更复杂的思维活动。即便如此，我倾向于认为野生动物们不可能或者不需要有人类那样的长远目标，并且为了那样的目标而从眼下就调整自己的行为方式，因此即使动物有它们的世界观和价值观，那也一定和我们如今认为的人类式的世界观和价值观不同，野生动物的本性基本上是由习性决定的，而习性是自然选择和进化的结果。决定它们行为方式的应该是环境和自身的能力，而不是性格。

我觉得用遗传本能解释大多数动物的行为似乎更合理些。野生动物在自然环境中会遇到各种情况，它们也必须根据当时的情况做出行为上的抉择，不同的行为方式可能影响到我们对它们本质习性的判断。野生动物的生活应该不像人类那样复杂，它们的一切都只围绕着“生存”两字进行，它们只选择最有利、最合理、最直接的生活方式，在那样的情况下，性格被更原始的“习性”和“本性”所替代，它们的所作所为，还不能上升至道德的高度。

野生动物的身体构造很大程度上决定了它的行为方式。

鹦鹉和鹰都有钩状的嘴喙，鹦鹉的上下喙都强大，像钳子那样适合用力咬合，磕开坚果毫不费力；鹰的嘴上强下弱，咬合力不强，却适合撕扯，对付柔韧的肉再合适不过。如果让鹦鹉吃肉，让鹰对付坚果，彼此都无用武之力，尽管鹦鹉对物体的破坏能力比猛禽强，咬人更疼，但它注定只能成为温和的素食鸟。

再来看猫头鹰和鹰。同为猛禽，一为白天活动，一为黑夜出没，为何有这样的差别呢？从它们的身体上就可以看出适应各自环境的构造：同有钩喙，猫头鹰的钩喙通常没有鹰喙锋利，但脚爪通常更锐利些，也就是说，猫头鹰的抓攫能力更强，这对于在视觉有限的黑暗条件下防止猎物逃脱后难以再次发现很有利；猫头鹰的体羽柔软而富有弹性，飞行时几乎寂静无声，在寂静的晚上可以防止猎物过早觉察动静而逃脱，鹰羽的廓羽较硬，绒羽发达，外形呈流线型，适合在视线良好的条件下进行短距内的加速冲刺；猫头鹰不对称的大耳和宽阔脸盘都是对灵敏听觉的适应，而鹰在这方面没有特化的构造。

类似的例子同样适合动物的其他类别。以猫科动物为例，虎豹等有斑点的种类都选择有斑驳树影的森林环境，便于捕猎时的隐蔽接近；毛色朴素的狮子和猞猁等则多在原野活动，追袭和围攻成为它们的擅长，灰黄的色调跟它们生活的典型环境很协调。同样是野猫，短尾的适合跳跃，长尾的适合奔跑，所捕食的猎物种类也相应地有所不同。

动物身体结构的不同导致生活方式的差异，而这样的差异又被我们赋予性格化的意味，譬如，夜间出没的猫头鹰给人诡秘的印象，而白天的鹰则以矫健称之；雄狮因为颈部有发达的鬣毛，外形显得雄壮而得到“兽中之王”的称号，其实从力量和危险程度上讲，大象、河马和犀牛这样的食草巨兽可能更胜一筹，但因为它们是素食者，没有争夺、统治欲，我们就觉得它们不符合“王者”形象——人类的“王”经常是用武力取得尊崇地位的。

体型越小的动物，绝对力量就越小，遇到的天敌和危险就越多，在行为上就越谨慎。我们会说狐狸是多疑的，但决不会说大象是多疑的，因为大象不需要在防御和觅食上操太多的心思，行动完全可以大大咧咧，而狐狸则既要防止自身被捕猎，又要防止猎物被吓跑，行动起来必须小心。实际上老鼠何尝不是多疑的，其他小动物也无一不是谨慎多疑的，我们看到狐狸仿佛蹙眉般的长相和东张西望的神态，不禁使人联想起鬼鬼祟祟的小偷，于是它不幸成为行为多疑者的典型。

活动能力越强的动物，就越是胆大，越是有能力适应陌生的新环境。我们注意到许多鸟类可以在闹市中安家，适应跟人共处的新环境，而大多数兽类却逐渐在城市及周边地区消失，究其原因是因为鸟类可以占据树冠、屋顶那样人类不易到达的空间，而地面活动的兽类则在城市中几无立锥之地，所以我们会觉得鸟类行为很大方，兽类很害羞。

动物的习性是否温和或凶悍是相对的，按照一般规律，食草的动物没有必要凶悍，而食肉动物则必须凶悍，可是我们知道野牛、河马、扭角羚、黑犀牛都是脾气暴躁的素食者，而吃荤的两栖、爬行类则有很多看上去很温和的种类，是不是习性跟本性发生了冲突呢？其实不是，前面提及的大型食草兽在自然状态下是很斯文的，纵然是求偶争斗那样的冲突，它们也不会用尖角利齿给同伴造成严重伤害，夺命利器在它们的身上至多只是防身保命的装备，我们也很少见到它们跟靠近它们的小动物过不去。可就是这样的草食兽，在动物园中给饲养员造成的伤害很常见，甚至远超过食肉动物造成的事故。究其原因，是因为人的体型在其中成为一种参照物。由于动物具有审时度势的能力，它们知道遇到怎样的对手必须逃跑，遇到什么样的情况可以不客气地驱逐来者，何种对象是送上门的美餐。大型兽觉得自己有力量抵抗人那样的侵犯者，所以当人不经意间做出让它们感到压力的举动时候，它们多选择自卫式的反击，特别是在有限的空间里，它们不能选择退却的情况下。同样，人对于蜥蜴和乌龟那样的小型食肉（或兼吃肉）动物就显得太庞大，是绝对不可能捕食的对象，所以不会引起它们的攻击冲动，试想一下，如果人微缩成一条小鱼那么大，它们对人决不会客气。这样的情形在鸟类中很典型，譬如一只营巢的灰喜鹊，会吃掉螳螂那样的昆虫捕食者；会赶走靠近巢区的体型小于或等于它的其他鸟；遇到一般的较大动物接近，它会鸣叫或在附近骚扰；而当雀鹰那样的天敌经过时，它会偃旗息鼓，气馁地躲到一边。

因此说，我们认为动物所具有的习性，必须有个参照物，凶猛和温和是相对的。动物的本性是最大限度地保护自身利益，而不是带有人性化的凶残、狡猾或怯懦。

集体观念与出卖同类

营群居生活的动物是否有集体观念，是动物行为学家们感兴趣的话题。

如果猴群中有一只猴子发现偷偷接近的花豹，它是悄悄溜走，躲到安全地方，还是尖叫示警，通知同伴呢？不同的行为可能会招致不同的结果。悄悄溜走的话，那只溜走的猴子或许会更安全，花豹对猴群的其他成员的偷袭很可能成功；而如果它大叫的话，豹子的注意力可能会转向尖叫的猴子，它面临的危险就陡然增加。

大多数情况下，猴子通常会尖叫示警，表现出很强的群体观念。其实不只是猴子，其他许多集群动物都有向同伴示警的行为，譬如鸟类和羚羊都会用特殊的叫声或肢体动作发出危险信号，避免同伴被害。

这似乎是一种利他行为，其实通过许多实验证明，与其说驱使动物那样做的原动力是我们认为的集体观念，倒不如说是自然选择中保留下来的利于群体生存的本能更贴切。将具有集群活动习性的动物单只饲养，并且故意制造一些潜在的威胁，结果在没有任何同伴的情况下，那些动物照样做出示警的行为。按照一般逻辑，假如向同伴示警是出于理性的行为，那么在没有同伴的情况下，它们该选择更安全的方式躲避危险，而不是暴露自己。然而很多实验对象的行为表明，不管有没有同伴，它们都那样做，说明这样的行为只能是出于本能。或许在很多年前，有些集群动物存在着遇到危险悄悄独自开溜的习性，但是这样做对于整个群体显然是不利的，因为今天你侥幸溜走了，明天你的同伴发现危险也不警告你，被吃的可能就是你，长此以往，群体成员都会受到伤害，群体的生存必然发生危机，于是自然选择的法则会逐渐淘汰具有“自私”行为的群体，而那些本能地具有“集体观念”行为的物种则因为采取了合适的对策而被保留下来。

动物损害同伴利益的例子也同样屡见不鲜，譬如雄性狮子和北极熊会吃掉非亲生的后代；猴王会欺凌地位较低的群体成员，而猴群中的后起之辈会结伴推翻猴王；早到的候鸟会占据最有利的巢区，并且毫不留情地驱赶后来者；园丁鸟会故意破坏同伴的巢，拆散上面的装饰，盗走巢材，使同伴的繁殖失败；更常见的例子是，许多群居的鸟类和哺乳类会恶意“搅黄”同类正在进行的交配行为，使繁殖活动被迫中断。

野生动物有足够多的理由做出损害同伴的自私行为，因为这也是自然竞争的内容之一。在配偶、食物和领地等资源有限的情况下，要保证自己的生存，就必须毫不退让，最大限度地捍卫自己的权益，当然，那样的自私行为要建立在同类之间能力的竞争上才有积极意义。动物们很少做出“己不能为而禁止旁人为之”这样只有人类才有的恶意妒忌行为，它们或许会因为自身的利益客观地伤害同类其他个体的利益，但是自私行为被允许存在的前提是必须不会损害到整个族群乃至种群的根本利益。要把握这样的尺度不是靠理智和道德可以做到的，而是“适者生存”的自然法则在进行控制。反思人类自身，我们的自私行为有时建立在人类自己制定的所谓法则或道德规范上，譬如为了眼前利益而破坏生态，滥杀野生动物，滥伐森林，甚至以“推广文明”的名义自相残杀，违背自然法则的人为规则会不会最终害了人类自己，就看我们在多大程度上认识自然法则的巨大力量了。强大如恐龙的原始“统治生物”在地球上生活一亿多年后终究还是消失了，作为新的“统治生物”，狂言“征服自然、战胜自然”的我们大肆破坏自己的生存环境，能不能活得比恐龙更长久，值得我们冷静反思。

第四节 拟人化的误区

我们将原用来描述人类性格的“凶残”、“狡猾”、“怯懦”和“憨厚”等词语用于描述动物性格，就是把我们观察到的动物行为进行拟人化的结果。这些词语的运用极大地丰富了动物故事的内容，冠以这些词的动物仿佛就是鲜活地生活在我们身边的角色，譬如凶残的狼，狡猾的狐狸，立刻让我们联想起古今中外那些具有凶残、狡猾性格的人物，并且很自然地把那些有据可查的人物的相关性格特征嫁接到动物身上，这么一来，动物的形象是丰满了，但是离开客观也就越来越远了。在研究动物行为学的时候，运用这种很容易使人产生联想的词语往往会误事，如果将科学和文学混为一谈，我们的动物科普就会陷于讲故事的泥潭，而失去科学公正和严肃性。

我无意于，也无力于改变大众对动物的拟人化倾向，大众可以有多元的审美欣赏标准，但是我不会认同把狼和狐狸这样自然界真实的动物归入道德有问题的生灵这样的观点，我越是喜欢自然界的那些实在的生灵，就越不忍它们因为人的偏见而受到实际的伤害。

有些动物在经过人的刻意训练后，会在某些行为上摒弃原来的本能，而遵守人的规范，训练有素的宠物就是很好的例子。但这不是我们将它们拟人化的理由，譬如我们不论宠物狗有多老，总爱把它们当小孩看，但是狗的行为在本质上根本无法与我们真正的孩子相提并论，它们在疏于调教的情况下依然会故态复萌——随地便溺，嚎叫，咬人，侵犯小动物。要知道，狗是有着数千年驯化史的动物，并且经过无数代的选育，在外形上跟它们的祖先已经有了很大的不同，这种被人类长期改造的动物尚且如此，用“拟人”的观点去看待那些真正的野生动物，结果又会怎样呢?

动物怎样理解人的语言

如果动物可以和人沟通的话，相信一定不是通过我们的语言来明白我们想要表达的意愿的，因为人的语言实在太复杂了，指望它们听懂未免过于理想化。

可是有许多宠物主人都言之凿凿地说，他们的宠物确实能听得懂人话，譬如对狗吆喝一声：“快回去！”它就乖乖地掉头回家了。这样的情况确实存在，但是这并不能表明是我们的词汇在起作用，我们果断的语气或许已经让狗感觉到不该跟随主人，简短的口令在被重复多次后，其中想要表达的意思在经过一次次的练习后，实际上已经成为条件反射，绝大多数鸟兽能够相当好地接受条件反射的暗示，所以狗能“听懂”那样的话。

你一定会这样说，你又不是狗，你凭什么武断地说狗听不懂我们的话！你可以做一个简单的实验，来证明我的推断：用意思完全相同，但不同词汇的语言来让狗回家，譬如说“别跟着我！”或者是“在家等着我！”在这样做的同时，记住尽量不要有任何动作和表情，也不要重复以前说过的“快回去！”之类带有提示的话，最好令狗只能从你的纯粹词汇而不是其他动作表情来明白你的意思，假如这样的实验表明狗儿依然不让你失望，可以写信来责问我。

动物在包括感知能力在内的很多方面的能力比我们强得多，沟通不一定像我们那样要很大程度地依赖口头语言。外国的科学家在训练海豚时要戴上墨镜，甚至蒙脸，那样做是为了避免聪明的海豚从训练员的表情中猜出我们的意图！动物可以通过肢体表情等物理语言及与情绪变化相关的内分泌含量变化那样的化学语言，极其准确地估量形势，不夸张地说，人与人之间的交流会被谎言欺骗，但是用谎言常常骗不了狗，因为我们说谎时连自己都觉察不到的情绪细微变化会被狗洞悉。你听说过癌症可以被闻出来吗？（难道癌细胞还有气味？）我们当然不能，但经过训练的狗就可以！

真正坦然面对陌生狗的人极少被狗咬，因为狗面对我们的自信，就有几分忌惮，不敢轻易造次；而当狗觉察到我们对它有了畏惧之心时，等于是增强了它的自信——它认定你是个可以欺负的对象！这样的判断来自于它的祖先野狼，其他食肉动物也应该有类似的经验判断，越是害怕而逃跑，就越是容易激发它们的追逐本能。

动物们是通过它们熟悉的方式来理解人的语言的。绝大多数情况下，我们在说话时会有相应的表情和动作，如果动物正好大致了解人类基本的行为语言，那么它们就可以通过察言观色来猜测我们的意图，而不是通过人类特化的繁杂词汇，通俗地说，譬如狗应该是通过眼睛和鼻子来领会主人的意图的。有些先天耳聋的狗和猫依然可以成为很好的宠物，正是基于它们其他感觉灵敏的天赋。

人虽然超越一般自然而成为意识性很强的高级生物，但是依然保留着喜怒哀乐那样原始的生物性，动物们可以通过这种自然界普遍存在的生物性特点来跟我们进行一定程度的沟通。它们有时会害怕人，不是无缘无故的，因为我们确实对待它们不够友好，经常怀有捕食动物那样的杀戮之心，动物们应该能够感受到。

要养好宠物，首先要学会它们的行为语言，了解它们在兴奋、哀伤、恐惧、祈求和愤怒时的不同行为特点，那样才可以跟它们实现交流互动，必要时驯服它们，指挥它们。饲养野生动物、马戏动物的原理亦是如此，先知道它们想吃什么，喜欢什么，害怕什么，管理起来才能有的放矢，事半功倍。

美国的佩普博格博士和她的实验小组花数年时间训练了一只叫“阿历克斯”的灰鹦鹉，像教育幼儿那样教它地道的英语而不是简单的口令，结果发现它能理解简单词汇的意义，并恰如其分地运用这样的词汇来表达它的意愿和要求，譬如在想吃东西时会用英语对博士说：“我要香蕉。”

这是个虽然极端，但肯定是真实的案例，我在纪录片上见到过大名鼎鼎的“阿历克斯”，也在美国本土的出版物中多次读到它的事迹，那是一只外表极普通的灰色鹦鹉，有着敏感型的宠物鹦鹉常见的毛病——烦躁时会啄拔自己的羽毛，所以它的羽毛状况不太好，胸前和尾巴的羽毛不同程度地秃了。这也难为它了，身为一只鸟，却要学习人类的知识，它肯定会在自我角色的认定上发生困惑。这个例子在一定程度上说明，动物掌握人类语言并非完全不可能，但是这种情况实在太特殊了，必须具备以下条件：

必须是能够学习人类发音的种类；

必须有经验丰富的动物行为学家用正确的方法进行专门的训练；

被训练的对象必须要有较长的寿命，才能保证完成“学业”；

动物必须长期保持有学习的能力（一般动物的学习期主要集中在低龄期）；

必须有天赋的高智商，才可以用“人的方式”跟我们交流……

能够满足以上几个“必须”条件的动物实在太少了，所以虽然灰鹦鹉善学舌，虽然它们寿命较长，虽然比较聪明，但是“阿历克斯”那样的例子在多年来再没出现第二例，让期望人与动物实现思想交流的动物行为学家们，不得不将美好梦想的实现期限向后推迟。

学舌和学艺

由灰鹦鹉“阿历克斯”想到动物的学舌。我们教会动物一些人性化的“技能”或“行为规范”，试图在一定程度上把动物改造成符合我们审美欣赏标准的“小丑”。我们将动物拟人化是真正要把它们当作我们的同类吗？当然不是。动物的习性可以被我们了解，它们的生存可以被我们尊重，但是

会学舌的鹦鹉

不可能取得跟我们真正对等的地位。违背动物的本性，将我们的意志强加给动物，本身就不是平等的做法。

动物学习“人的语言”差不多是鸟类的专长，因为人的喉头位置偏下，结构独特，发音是哺乳动物中最为复杂的，声音只有叫声婉转多变的鸟鸣才能模仿得像。世界上能够模仿非同类声音的鸟类不下百余种，主要集中在鹦形目及雀形目的椋鸟科、鸦科、嘲鸫科、琴鸟科、伯劳科和鹎科等类群中，动物行为学上称之为“效鸣”。我们熟悉的鸟儿学舌即是它们模仿人类“鸣叫”的效鸣行为，最有名的学舌鸟有各种鹦鹉、八哥、鹩哥等。

鸟儿效鸣的形成机制有待进一步揭示，不过一般推测那是鸟类集群本能的一种具体反映。鸟类通过鸣叫与同类进行联络，模仿其他物种的声音多出现在学习阶段的幼鸟中，那时它们对自身角色的认定还不明确，按照它们的逻辑，最多听到的必定是双亲或同类的鸣叫，因此会学习环境中最频繁出现的声音。假如把具有学舌潜能的幼鸟人工饲养，它们就会模仿我们的声音。

鸟的效鸣并不只限于学习我们的说话，它们还刻意模仿其他声音，起到迷惑和引诱的自利作用，譬如狡猾的乌鸦会模仿鹰啸，惊走同类而独享食物；“雀中之虎”伯劳躲在浓密枝叶中模仿小鸟的叫声，让前来认群的小鸟自投罗网……如果不是过多地教它们该怎么做，它们的许多效鸣行为本来是很有利的。我们在教鸟说话时，故意刺激和强化它们学习人类语言的能力，弱化它们的自然本能，在原理上尽量让鸟觉得它是我们的同类，只学我们说的话。我们把鸟变成“半人”的做法可能会使鸟在成年后发生角色认定上的障碍，偏向于认定它就是我们的同类，而经常无法再跟真正的同类进行沟通交流。我养过学舌能力非常出色的大型鹦鹉，在试图给它们配对时，经常遇到因为惧怕自己真正的同类而无法恢复自然生活的怪现象。我们的这种训练方法类似于“洗脑”，其实是剥夺它们本性的残忍行为。

被人豢养的动物都要经历一个被驯化的过程，被训练来作为表演的，称为“学艺”。我读过一本《动物表演史》的书，作者把人类训练动物使之进行同类的殊死搏斗（如斗鸡，斗牛）也称为文化。这样的人类文化实在乏善可陈，怪不得古代的圣贤祖宗都羞于谈这样的人类奴役动物史。动物的学艺其实就是我们通常说的“驯化”——让动物听人的话，服从人的意志。让老虎在狭小的笼子里度过十来年是驯化；捉来的野鸟在笼子里不撞得头破血流要驯化；教小狗学会作揖是驯化；让大象倒立也是驯化；金鱼长出使其游得不快的畸形大尾巴还是驯化。比起人们家里学舌的鹦鹉，我觉得马戏团的动物明星们处境更糟糕：做着爹妈从未教它们做的事，摆出身体很不自在的姿势，那些被扭曲了兽性的兽们，致伤、致残率是很高的。等年老体衰时，等待它们的是被遗弃或屠宰的归宿，因为那时它们不再适合表演，而养这些不干活的动物是“很不划算的”。

很难说动物从学习人的技能中得到了哪些好处。我国传统上养学舌的八哥（鸟）要先“捻舌”，这种没什么科学依据的做法对于鸟应该是一种酷刑，我相信马戏团的动物明星们面对观众的掌声，大概也不会有影星和歌星那样的成就感。训练动物也是人类利用自然资源的一种途径，譬如说驯化家禽、家畜改善人的饮食，帮助我们劳动，满足人的物质需要；驯化一些野生动物，供我们观赏娱乐，满足人的精神需要。作为最高级的智慧生物，我们利用这样的资源，就好比老虎要吃别的猎物那样，本无可厚非，可是我们还非要说我们是如何地爱这些动物，仿佛是它们的救世主。假如有一天鸟做了地球的主人，让我们都“拟鸟”：身上粘羽毛，吃一大堆蠕虫（鸟的美味），成天用尖而颤抖的声音学鸟叫，你会觉得幸福吗？

宠物情结

给动物安排人的角色并非小孩童话所专有，人们在饲养宠物时所表现出来的将动物拟人化的倾向就很带有普遍性。宠物的主人们丝毫不在意别人称自己为“犬爸”、“犬妈”，俨然把宠物当成自己的孩子来看待。

我不怀疑人们对动物的情感有时是非常真挚的，但是不管怎样，即使是那些幸运地成为“家庭一员”的动物，也没有真正地取得人们所标榜，或者希望做到的平等地位。

我们为什么要把动物引进到我们最隐秘的生活中来？是因为它们在相当程度上可以跟人交流，却实际上又达不到人类那样的复杂程度——这正好是我们所追求的程度：可以向宠物倾诉情感，又不用担心它会泄露我们的秘密，从而达到减缓精神压力的目的。理性上有很多人愿意把小动物当成自己的孩了那样来对待，实际上那是 种理想化的期望，我们要求它们遵守我们的行为规范，无条件地听命于主人，不管愿意不愿意，随时要接受我们宣泄感情的方式（拥抱、抚摸、责骂甚至体罚），而不管动物本身是否觉得有压力。真正的人类孩子有自己的思想，有作为人的权益，不可能像宠物那样逆来顺受，即使他们淘气，即使他们让你憔悴，他们依然是你挥之不去的痛，而不像宠物那样，你的所作所为可以不用考虑它们的感受。所以在潜意识中，宠物依然是人类的玩物，我们不必尊重它们的意愿，或者说，动物即使有它们的权益，也是可以被侵犯和践踏的，人们不用担心那样做会招来什么麻烦。譬如说SARS时期，人们大量遗弃家中的宠物，只是因为传说中动物（也不管是什么动物）可能携带SARS病毒，所以主人们可以不再顾及曾经原先自己非常喜欢的宠物们。有些被调教得“很乖”的猫狗由于不知道怎样在野外觅食，流浪在外的处境十分悲惨。你会那么轻易地在稍有一些风吹草动时就撇下自己的孩子吗？

动物在我们心中的地位或许永远只能是“逗我们开心的小丑”或者“会动的物体（肉或皮毛）”，或许不会有规范明确我们应该对动物承诺什么，或许我们在相当长的时期内依然可以对它们随心所欲，可是，请别再把拟人化的动物带到我们的日常意识中，让我们觉得并没有亏待它们。对于动物来讲，被油盐酱醋地烹调和生吞活剥，或是被好饭好菜地养着逗乐，并没有我们认为的文明程度上的差别，同样，表面化地粉饰我们对待动物的折磨，给它们以人的特征甚至是人的名分，而本质上它们依然是禽兽。为我们的看似

宠　物

文明，实则残忍的行为寻找借口，是一种不但欺骗自己，连动物都想欺骗的怯懦行为。

在我们不方便直接对人说什么的时候，把动物作为一种讽喻对象的做法可以被大家理解，例如我们可以从动物寓言和童话中懂得道理，有时还能得到有益的启示，即使有辛辣的东西包含其中，我们也不会把被批评的动物跟自己对号入座。但是，当我们的孩子睁着天真的大眼，向我们询问关于自然界真实的动物知识时，我们就不该再用“可爱的小白兔”，“凶恶的大灰狼”之类的人性化动物当作科学的动物知识传授给他们。如果他们从小不能客观地了解自然界的其他成员，那么当他们长大后，就难以用客观的世界观来看待世界。

第二章

想象的差距

人类有无限的想象力，当我们尚不能了解到某些事物真相的时候，会先提出设想，然后按照这样的思路去寻找答案。关于动物的传说和想象，大量存在于我们老祖宗的历史中，有些想象是基于当时有限的科学水平和文化基础上的，现在看起来，猫可以变成妖女的说法连学龄前的儿童都不信，可是几百年前，那些精神完全正常的成年人还会一本正经地把姑娘送到火堆里，就是笃信了现在看来是无稽之谈的说法。科学使我们了解到事物的真相，将想象与现实的差距缩小，逐步摆脱愚昧，使我们的行为更合乎客观实际。

野生动物和我们共处一个星球，但是除了少数以研究动物为工作的人士之外，大多数人对于它们的了解还是停留在听别人说或靠自己想象的程度上，依然习惯性地按照人的逻辑去想象动物的生活和习性。由于人的本性上喜欢带有戏剧性的故事情节，因此在已经有科学结论的今天，我们还是更偏爱符合我们浪漫想象中的动物，而不是靠枯燥乏味的数字、符号和近乎机械的论文堆砌起来的真实动物的描述。

以往对于动物想象的差距有时是我们故意拉大的，因为大家不一定都迫切地想要了解动物们的真实情况。但是不管我们愿意不愿意，随着原始自然环境的迅速消失，野生动物越来越多地进入我们关注的视线，不仅是关于如何保护动物的话题，动物也经常会出现在“如何保护人类自己”这样无法回避的话题中。

第一节　动物为何怕人

谁都知道动物怕人，鉴于我们无法确切知道动物是怎样看待人类的，所以在分析它们有时为何会害怕人时，未免会感到困惑。

我试图用我自己平时积累的动物知识，向读者朋友们谈一谈我是如何看待动物怕人的问题的。当然，在我的推断中，有很多主观的东西，所以才会慎重地在以“想象”为主题的这一章里跟大家交流。

我们经常在潜意识中把自己跟动物相区别，动物可能也是那样看我们的。我们认为自己在精神上跟动物相区别，而动物光凭普通的感觉器官就能发现人的异常特性：它们眼中的“人”具有各种体色（因为我们穿了不同的衣服），各种气味（因为我们吃不同的食品，经过烹调的食物气味更杂）和各种形状（因为我们经常会有肩扛、背负、挑担、拎东西等特有的动作，使用工具时，好像有额外的物件“附着”在我们身上），有时还会发出各种奇怪的声音（不仅是说话，有时还有人类弄出的机械声等）。动物当然无法弄清所有这些在原始自然中完全不符合它们固有的判断法则的另类现象，就像我们对陌生的东西有天生的警惕和疑惧一样，动物对我们这些没有固定形状、色彩、气味和行为的“奇怪东西”感到害怕就毫不奇怪了。

我们不按照自然规律行事。在动物眼中，人类伐倒大量树木却不吃，杀死很多动物却不留下尸骸，有太多无法根据动物本身的经验判断的东西，特别是那些很少见过人类活动的动物，一定会被人类不同寻常的行为所震撼，相信那样的震撼不啻我们见到外星人。那些生活在人居附近的动物，由于逐渐熟悉我们的特点，恐惧之心会略收敛，但是依然会因为我们那些不可捉摸的行为表现而谨慎地跟我们保持距离。

我们不懂任何动物的行为规则和交流方式。动物会通过在地面和树枝上留下自己的气味、足迹等方式标定自己的领域，这样的标记在动物看来是不能被忽视的，但由于我们的嗅觉等感官功能不如动物那样发达，同时也缺乏必要的野外知识，我们很少会注意到那样的标记，于是会很坦然地闯进动物的领地。这种看似无所顾忌的大胆举动（实质是人的盲目），会使动物以为我们有力量无视它们的警告，未免就会有几分胆怯；动物会以某种特别的方式向入侵者发出信号，但是出于同样的原因，我们很少会注意并且回应那样的信号，在动物看来，那就是对它们力量的挑衅，对于绝大多数动物，它们会先小心地避免冲突，在暗中观察我们，在行为上客观地表现为主动退让。

人类的破坏（或是杀伤）力是动物惧怕我们的主要原因。人类发明发射性武器是狩猎史上的里程碑，弓箭使得我们可以更有效地捕捉鸟类那样活动能力很强的种类，对付兽类时也省去了我们追赶猎物的体力，同时避免了较多与猎物进行肉搏的危险；而随着热兵器（以火药作动力的武器）的出现，我们简直可以毫无风险地猎杀所有动物，毒药、陷阱等人类发明的其他捕猎手段也都让动物原先的避难法则失效，于是那些被我们捕捉和杀伤的动物在教训中学会在距离我们很远时就躲开，或者本能地避开有人类气味的地方。很多跟人打过交道并吃过亏的动物们会把躲避人类的经验作为新的生存技能传授给它们的后代，连大象这样很少有顾忌的巨兽，都懂得要避开拿枪的人类。当我们在一个地方用某种手段大量捕捉动物后，它们会很快吸取教训并调整策略，以至于我们用老办法就不再能奏效，譬如说鼠类被某种毒药杀伤后，幸存的个体在相当长的时间内都不会去碰那种香甜的诱饵。

当然，假如我们改变对待野生动物的态度，可以很大程度地打消它们的戒心，令它们走得更近些。动物一旦了解了人的行为规律，还有可能逐渐学会利用人类的资源，成为与我们伴生的物种。最有名的莫过于多种啮齿动物和小型的鸟类，在特定的意义上说，是人类的农业（渔业）使它们的家族前所未有地兴旺，它们的数量随着人类农业（渔业）的发展而迅速壮大，以至于反过来对我们的生产造成了危害，迫使我们采取措施，以控制它们的数量。

近年来，学会在人居附近找食的动物种类越来越多，喜欢动物的朋友对很多“新面孔”都是抱着宽容，甚至是欣喜的态度的，譬如在华东和华南地区的鹭、华北的乌鸦、西南地区的鸥，甚至都进入了闹市区。野生动物一旦打消了对人的恐惧，会慢慢变得肆无忌惮，转而给我们增添许多新的麻烦。令人担忧的是，许多人对此的认识还比较片面，有些地方还大张旗鼓地招引野生动物进市区，鼓励缩短人与野生动物的接触距离，美其名曰“人与野生动物和谐共处，其乐融融。”我们很难在不伤害野生动物的同时对它们进行有效的控制，防止它们可能给我们带来的危害。依赖人而活着的野生动物会失去调节自然生态平衡的基本功能，逐渐成为“寄生虫”，甚至跟我们争夺本该属于人的资源，而成为“害虫”。

“动物一旦失去了怕人的天性，就开始变得可怕。”很久以前，读到有位动物学家说过的这句话，给我的印象迄今仍很深刻。人和野生动物各自都应保持安全的距离，这是一个非常合理的法则，动物过多地进入我们的生活，势必打乱我们的秩序。几年前还是羞答答地在公园里栖身的鹭，如今开始盗食鱼塘中的经济鱼类；红嘴鸥也不满足于接受人们的投喂，开始自己在城市里找东西吃，把食物晾晒在露天也不再安全；损失一些食物还算小事，对于公共卫生安全的威胁则是我们应该特别注意的，候鸟可能会携带高致病性禽流感的威胁就是一个信号。

动物和人应该待在适合各自的环境之中，关爱动物就应该还它们以自然的生活，互不侵犯，这才是真正的和谐。

第二节　危险的避险方法

人在与动物的接触过程中，受到直接伤害是一种很严重的情况。如果我们能够了解一些关于动物行为方式的知识，至少可以避免跟危险动物进行我们本不愿意的冲突。令人担心的是，在很多似真似假的动物故事中，作者所描述的人与动物周旋的惊险情节有许多是违反自然规律的，假如我们听信那样的故事，在自己亲临危机时依照故事描述的方法去做，将会使自己陷入更危险的处境。

装死无疑是在书本上见得最多的避险方法。很奇怪，大多数这样的故事都发生在熊的身上，不管有没有道理，说的人多了，仿佛就成了金科玉律——遇到熊要装死。

在很多人心目中，熊是一种憨厚中带些迟钝的动物，它们要攻击人的话只是为了好玩，如果你装死，它们就会兴趣索然地走开。事实果真如此吗？大家别忘了，熊是一种典型的食肉动物，捕猎是它们的天性，只是它们平时得不到足够的肉食，才吃些素食代替，比起有些食肉动物来，它们可以更多（甚至是常年）接受杂食罢了。由于庞大的体型，它们很难隐蔽接近那些动作机敏的猎物，很大程度上，它们的肉食是鱼类、动物尸体和爬虫之类比较容易得到的种类，很少见到它们费力地追逐食草兽那样的大动物，因而错误地认为它们不吃大动物。

在熊的面前装死有时确实可以令我们脱险，这不是因为熊真的以为我们死了，它不吃死人，而是我们的动作正好暗合了熊的行为语言——躺下就意味着妥协。它愿意的话，会带着胜利者的姿态离去。我之所以用了“愿意”这样的词，是因为熊应该对人也怀有疑惧心理，不敢进一步招惹我们，既然我们妥协了，它也不会冒险进攻。但是如果你面对的是一头很有经验，特别是了解人类弱点的熊，或者它已经被激怒或饥饿到一定程度，那么装死差不多就等于送死，它照样会不客气地对你下手。野生动物光凭气味就可以知道对方是不是真的死了，更不用说我们装死时的体温和呼吸、脉搏都是极大的破绽，更别说在那样危急的关头，除了真的被吓晕，有几个人能冷静地屏住呼吸。

绝大多数食肉动物都吃死尸（有些两栖、爬行类除外）。如果自身力量够大，从其他动物口中夺食是很好的策略，熊当然也不例外。我们在电视上看到的威猛狮子，在现实中经常从鬣狗那儿霸占劳动果实，倒是那些传说中以吃死尸为主的鬣狗，不得不更勤奋地追逐猎物。熊经常会从狐狸和狼的口中夺食，说它们不吃死的东西是毫无根据的，如果熊真的以为你死了，倒是更有可能会来吃你——幸亏你装得不可能骗过熊，它还对你存有几分戒心。

在捕食动物面前保持绝对静止也并非无效，特别是那些善于追逐猎物的动物，对于猎物突然静止不动的举动有时会感到不知所措。有些蛇和蜥蜴对静止的东西不感兴趣，所以有些昆虫和两栖类动物在受到刺激后会有本能的假死反应（生理性昏厥，而非理性地装死）。面对在力量上跟自己不相上下的对手，有时候对峙是可以奏效的，你不跑就表示你并不惧怕，对方就要重新掂量你的实力，这跟装死是两个不同的概念，装死是示弱，对峙则是不示弱的表现。

遇到危险动物，不管你是装死也好，对峙也罢，实质上都需要很好的心理素质，要能够在非常的局面下保持冷静是不容易的，头脑冷静可以使我们做出正确的决定，这才是最重要的。譬如说当危险动物离你还有相当的距离时，不要被动地躺下装死，应该看着对方慢慢后退，而不要转身逃跑。在万不得已的时候，才可试一试抱着头躺下的办法，这时候只能祈祷老天保佑，是否有效，全凭运气，因为我们无法知道真实的动物会怎样看待我们这样的行为，有哪些动物会买我们的账。如果有因为装死而被害的人，他们将无法告诉我们该得到什么教训。

举火曾经被认为是能够抵御绝大多数动物的自保措施，理由是“动物怕火”，后来演变成动物也怕电筒的光亮。我不知道这种说法的来源，可能是因为大家觉得火能烧死动物，所以它们本能地会避开火。

首先，动物对火的认识可能不是一无所知，森林中会有雷击和过分干旱引起的自然火，它们可能还见到过人类生产活动中产生的火；其次，动物不一定怕火，特别是规模有限的火势，它们应该知道那样不构成威胁；另外，有些动物还喜欢火，不仅是飞蛾，许多鸟类也喜欢火，确切地说，是喜欢被火驱赶出来的虫子，兽类中的一些成员也懂得在火的残烬中找吃的。

动物们所怕的火，是那种燃烧范围大，火势蔓延迅速的大火，人们手上的火把根本对它们起不了多大的震慑作用，或许是人们拿着火把晃来晃去的样子可以吓着它们。如果动物们执意要攻击你，火把本身是没有用的，有时反而会使动物感到受到胁迫而采取反击的措施，譬如夜行时举着火把就容易遭到草丛中毒蛇的攻击。

我们在森林中露营，会在营地中点燃一堆篝火，只要篝火保持一定的照亮度，许多野兽就不敢靠近。这不是因为它们怕火本身的杀伤力，而是它们习惯利用黑夜的掩护进行捕猎活动，光亮使它们无所遁形，于是就没有足够的安全感促使它们进行没有把握的捕猎活动。我们更适合在有一定可视度的情况下活动，有篝火也利于我们的防守和反击活动。不寻常的篝火或许会招来好奇的野兽在附近逡巡，但很少敢于将自身暴露在我们的视线中，因为它们本性上怕人。

当我们在漆黑的环境中用手电突然照射夜行动物的脸时，由于它们的眼睛一下子不能适应明亮的光线而造成视觉障碍，它们通常会有一段短暂的反应迟钝期，这种突如其来的刺激对于动物是个打击，可以在一定情况下吓退动物。用手电筒直射它们的眼睛比晃来晃去地照射更有效。即使是老鼠那样机敏胆小的动物，在突然的强光下也会有几秒钟的迟疑，你甚至可以用木棍直接击中它。夜间出猎的猎人会在枪上或帽子上安装一个照明灯，趁动物在强光下措手不及的时候开枪。

与其说动物怕火，倒不如说它们怕亮，在黑夜中照亮我们自己，可以使我们多几分安全感。

上树的策略可能有被我们滥用的趋势。在许多人的印象中，许多对我们有杀伤力的动物（最典型的是老虎和野猪）都不会爬树，而森林中不乏树木，假如上树可以有效避开攻击的话，倒不失为一种很实用的避险手段。

我们先来分析一下动物树栖生活的实际情况。除了有些种类的麝能攀上斜长的树采食嫩叶外，奇蹄目和偶蹄目食草兽中会上树的极少；灵长目的猿猴是爬树的高手，因为它们长着可以抓握的拇指（趾），从分类学角度看，人也忝列其中，不过在敏捷性上可能仅能超过懒猴而已；食肉目中的犬科（如狼、狐）是典型的地面活动者，而猫科中的绝大多数种类都能上树，只是会根据猎物的情况加以选择，熊类能够上树，不过通常不营树栖生活。按照一般的规律，体重较大的动物较少在树上活动，因为体型和体重限制了它们在树枝上的敏捷程度；四肢细长的动物适合奔跑而抓握能力不足，尤其是具蹄而无爪的动物，在生理上不具备上树的能力。从生活需要的角度看，这些动物不会以它们感到很不方便的树栖方式生活。

从描述中可以看出，爬上具有一定高度的树，对于防御野牛、野猪、犀牛那样有杀伤力的食草兽是有效的，对于狼那样的食肉动物应该也有效，问题是，在那样的关头，附近要有足够大的树，并且，更关键的一点，就是你能以多快的速度爬上去。因为许多据说不善爬树的捕食动物，都有着不凡的速度和跳跃能力，不等你爬得足够高，它们就可以用利爪把你抓下来，或是用角把你挑下来。试想一下，老虎是不善上树的，但是在它的食谱中依然有猴子，或许是猴子不幸在没有树的地方遇到老虎，或者是它们爬得还不够高，不够快。相对于猴子而言，人上树的动作要笨拙得多，在迅速扑来的猛兽前，我们还有多少自信可以窜上而不是爬上树去呢？老虎全速奔跑100米不会超过5秒，发怒的野猪短距可能冲得更快，我们上树的速度能有多快？

顺便说一下，有些我们以为不会上树的动物其实有一定的攀爬能力。譬如说完全不会上树的猫科动物几乎不存在，老虎和猎豹在偶然的情况下也能窜上不太高的树，它们的幼仔出于玩耍目的而上树的情况更多，成年的它们不上树，主要还是因为它们爬树的身手不如树栖动物那样灵敏，在树上的捕食效率不如在地面上高的缘故。

原始森林中的很多大树在数米以下的高度上都没有分叉，没有经验的人很难徒手爬上去，所以上树避险只能成为我们在面临危机时可以参考的做法之一。人类在大树上搭建的树屋是观察野生动物的理想场所，那样的树屋通常有足够的安全高度和安全措施，树干上还会有便于我们攀爬的梯子之类的结构，但那毕竟不是为我们在紧急状况下准备的。

紧盯策略指的是紧盯着对方的眼睛，以精神的力量压制对手。我觉得这可能是最荒谬的避险做法了，因为紧盯着对方的眼睛常常是动物间最严重的挑衅行为，只有在力量上占绝对优势的动物才敢于那么做。

注意观察受罚的狗，它的眼光总是瞟向一边，不敢正视你的眼睛，那是一种示弱的表现。当你面对在力量上要胜你一筹的野兽时，避免冲突的理智做法是不要有挑衅，或容易被动物误解为挑衅的动作。斗牛士的手上拿的是报纸还是红布，对于先天色盲的公牛来说，意义都不大，关键是斗牛士故意做出带有许多挑衅意味的动作，为的是逗引激怒公牛，做出惊险的表演。因为动物们经常具有审视形势的能力，而挑衅行为通常是发生在力量没有太大差别的对手之间，当动物还在迟疑之时，明显的挑衅常会主动表示你建议决斗而不是互相妥协，那会刺激它做出回击的反应。

不同的动物对挑衅行为的理解有所不同，猫狗的不和就是不同的动物因为对行为语言理解上的差异而发生冲突的例子。我们很难建议在避险时，何种行为才是恰当的。趴下对于熊而言或许是妥协的表示，而却可能被猫科动物认为是进攻的前奏；面对动物慢慢后退，可以避免激怒食肉动物，但许多食草兽在进行角斗之前却正好是要稍稍后退，留出向前冲的距离的。

人和别的动物对于同一动作的理解当然有所不同，动物园的饲养员有时尚且会在不经意间激怒动物而招致事故，我们不能苛求普通人能对动物的行为语言总是有恰当的理解和处置。跟危险动物争气势上的高低是不明智的，这一节讲的内容是避险而非控制和驯化动物，客观地说，人类并非在任何方面都胜过动物，跟强壮的动物比力气、比速度、比杀伤力都是很愚蠢的行为。

在跟动物对峙时要避免主动挑衅它们，比较带有共性的合理做法是，不要有太剧烈、太突然的动作；眼睛要留意对方的动作，但最好不要紧盯着动物的眼睛看；慢慢扔掉一些诸如手套、帽子之类带有强烈体味的衣物，分散对方的注意力，但不要扔鞋，以免在需要快速摆脱危险时跑不快；假如你太紧张，可以扯大嗓门叫喊几声，内容不限，喊救命或大声咒骂都行，反正动物都听不懂。

以攻为守有时是很有效的避险策略。野生动物经常会根据对方的反应而调整自己的行为，举例说，如果一头鹿用犄角去抵一头狼，狼可能会放弃这块硬骨头而转向更容易对付的猎物，而当鹿采取逃跑策略时，狼则肯定会进攻它。当你面对跃跃欲试的野兽时，操起身边可用的工具无畏地冲上去，常可以吓退本来处在犹豫不决状态的动物。

但是我看到有的资料（或是故事）中把这样“变被动为主动”的策略滥用在错误的情形之下，因为并不是所有的情况都适合用手中的棍棒吓退眼前的野兽的。

除非是你自己已无退路，否则尽量不要用这种“置之死地而后生”的冒险手段，因为没有野外经验的人很难判断人兽对峙的微妙状况，特别危险的是，假如你的以攻为守策略使用不当，反而会激怒本在犹豫的对象，使对方“狗急跳墙”，拼命反扑。

不要捡拾很小的石块或细弱的树枝作为武器，也不要贸然出手，那样很容易使对方估量出你的实力，越发肆无忌惮地向你攻击。如果你正好有木棍或短刀那样的工具，可以在动物扑近时突然出手击其要害。大部分动物的腰肋都是比较薄弱的，击断脊椎可致动物瘫痪；使用刀子的话，可以捅两条前腿之间的胸部或咽喉。不要轻易击打动物的头部，因为兽类的头骨都是比较坚硬的，不容易造成有效的杀伤，如果在近处跟动物纠缠在一起，可以用手指猛抠其眼睛或鼻镜，而不要试图去卡它们的咽喉，那样的话很容易被其爪挠伤。

这样的策略最适合于生性谨慎的单只动物，但是对于集群围攻的动物和比较低等的动物，则效果不佳。被多只动物围困时，最要紧的是找个可以保护背部的所在，譬如说背靠大树或石崖，勿使它们偷袭得逞。高声喊叫是很好的做法，既可以向附近发出求救信号，又对野兽有一定的震慑作用，动物的嚎叫常有联络同伴的作用，所以当你扯着嗓子大叫时，对方还要忌惮你潜在的帮手。低等的动物不怎么会有恐惧的反应，巨大的鳄鱼和蟒对挑衅或示强不会有太大的反应，它们虽然凶残，但是行动力稍逊，可以在不停运动中击打和骚扰它们。爬行动物在受到一定强度的骚扰后常会放弃，因为它们在本性上是以偷袭的方式捕猎的，不会跟猎物拼斗体力。有的书上描写“大吼一声，向狼群扑去”就把狼吓跑的情节值得可疑，通常在那样的情况下，狼不会远遁，而会避开锋芒，在不远处观察你的进一步举动，当你筋疲力尽时，它们的机会就来了；许多故事中提到人被巨蟒缠死的情节也不太可信，它们在吃东西时才将猎物缠绞到一定大小以便吞咽，最该防止的是头部被它咬住，或是正好被它缠住脖子。

用出击的方法逼退动物要掌握好分寸，最好要给动物留出退却的余地，避免它们拼死的反扑。有经验表明，大多数人可以跟豹子那样的猛兽对峙而不落下风；手上没有杀伤力强的火器时，不要跟熊、虎那样的大兽对峙；大型的食草兽（犀牛、大象、河马、野牛）通常更神经质，容易被我们不当的防卫行为激怒，最好不要采用抗争或对峙的手段，它们很少对退出一定距离的对象穷追不舍。

当在野外与危险动物不期而遇时，没有绝对保险的避险做法。动物的举动很难预料，即使是同一种动物，不同的个体在相同形势下也会有不同的行为表现，因此别轻信遇到某种动物该如何应对之类的经验之谈。如果非要说有什么万全之策的话，那就是别轻易涉险：进入陌生原始林区要多人结伴，聘请有经验的向导，带好必要的防身工具，穿戴有防护作用的衣物，还有很重要的一点：配备跟外界联络的器材，在遇险时可以及时通知求救。

第三节　野人离我们有多远

有个非常有趣的现象，大众对野人的话题津津乐道，而动物学家却很少愿意提起关于这样的话题。究其原因，是因为我们确实非常关心跟我们长得很像，甚至还跟我们的祖先“沾亲带故”的神秘动物，大家是怀着好奇中带有些神秘感的心情去议论“野人”的，而动物学家的心情则要复杂得多：一方面我们连人类自身进化发展的脉络还没有摸清，只有一些类人动物的零碎化石让人类学家和动物学家苦恼于无法拼凑出完整的信息；另一方面，大家又确实很希望“我们从何而来？”这个最切身的自然之谜早日破解。

动物学家希望提出可信的证据来证明野人存在或不存在，但又苦于找不到那样的证据，“野人”的说法似乎是对学者们的调侃，迄今发现“野人”的都无一例外是外行，假若这样的传说最终被证明是现实的，那么专家们将面临前所未有的窘迫：最大的科学谜团竟由一群缺乏相关科学知识的人在不经意间解开；假如野人不存在而作为学者的他们表现出与专业素质很不相称的热情的话，同样会成为同行的笑柄，他们甚至不敢公开声明自己把“野人”当作研究课题。

在人类探索自然的活动中，经常会经历“想象—求证—证实—定论”这样的过程，但是想象是无限的，而客观存在毕竟是有条件的，当想象走得太远的时候，不一定会有客观的结果来印证我们不着边际的想象。有时候，当我们对传说中的动物有了真实的认识后，再把传说中的动物形象和真实动物加以比较，就会惊异于我们的想象与事实的差距有多么的大！

野人究竟离我们有多远？到底有多少可以被科学证明的成分在内？我们在“野人”的话题上，同样可能走得太远。在“野人”的目击报告中，漏洞多如筛网，“调戏妇女”、“抱住受害者狂笑不已，直至昏厥”、“胁持人质强迫成亲”这样的情节描写也居然敢堂皇登载出来，仿佛野人不再是什么神秘动物，而是一个身材高大，披着红毛，智商有问题的“山大王”。

就事论事，我个人认为野人是不存在的：

疑点一：作为一种大型哺乳动物，尤其是应该有群居共性的灵长类动物，经我们多次努力寻找而未果，说明它们在野外即使存在过，数量也必定极其稀少，很难有自然繁衍存活的可能；

疑点二：发现野人的多为普通山民，甚至是外来的旅行者而并非进入无人区的猎人或动物专家，说明它应该生活得不太偏僻，在人居周围有那样的大动物而竟然长期未被发现，有点匪夷所思；

疑点三：迄今为止没有发现任何可供科学检验的相关标本，可疑的毛发和粪便本可以做DNA鉴定，但是至今没有人兴奋地站出来发表可信的研究结论，证实拟人动物的新发现；

疑点四：许多疑似野人的案例，最终都被证实为是人们对短尾猴、棕熊和其他已知动物的误判，或者是有遗传缺陷的人类孩子被误传为“怪物”；

直立行走的灵长类动物最容易被误解成“野人”

疑点五：有野人传说的地区恰好多位于民间传说盛行的地区，不能排除当地风俗对动物客观描述的影响，尤其是目击者基本上都是非专业人士。

虽然我个人倾向于怀疑“野人”的真实存在，但是凡见到有关野人的资料，依然忍不住要翻一下，指望能从中找到可以推翻我原先怀疑的证据，遗憾的是，迄今为止我看到的资料中充满了丰富的想象和心虚的暗示，用类人猿的照片和不客观的雕像或绘画作品晦涩地向读者传播一种没有根据的信息：“野人也许或者大概可能是存在的吧？”

我希望自己的判断是错的，因为未发现的东西不等于不存在，譬如最近动物学家就在苏门答腊岛上发现了一种疑似灵猫科或鼬科动物的食肉目新物种，发现真正“野人”的可能并非绝对不存在，因为我们对世界的认识还相当浅薄和片面。但是在心悦诚服地为我的武断和唐突而向读者道歉之前，我觉得还是应该暂时保留一些疑问，不能让想象完全指导我们的方向，如果能用事实驳斥我的谬误，将会使我对事实的存在有更深刻和更坚定的认识。对于没有证据的东西，宁信其无，是一种稳健的做法。

第四节　肤浅的益害观

很久以前，人类就简单地将野生动物分为两大阵营：有益的动物（益兽、益鸟、益虫等）和有害的动物（害兽、害鸟和害虫）。我们就像武断的独裁者，轻易就把动物的命运决定了：有害的动物自然是可以赶尽杀绝的，因为对我们有害的东西当然是越少越好。

问题是，我们是基于并不太客观的标准将动物划分成那样的两类的，而且我们的标准会随着价值观和认识的变化而不断修正，假如我们认为有害的物种必须要加以控制，甚至要加以消灭的话，难免有动物会因为我们的“判断失误”而蒙难。如20世纪60～70年代，政府将麻雀列为“四害”之一，全民动员，想尽各种办法围剿麻雀，甚至有四处敲打脸盆、铁桶惊吓麻雀的戏剧性做法，后来领袖的一句话算是下了大赦令，称其害益参半，姑且饶之，而在此之前，已有不计其数的麻雀和疑似麻雀的小鸟遭了难。有谁替它们叫屈？且不说我们的判断经常要受到学识的限制，即便是经过所谓的科学论证的结论，也未必就一定是禁得起时间考验的真理，未必就符合唯物的自然平衡观。

我们肤浅的“益害观”给地球的生物资源带来了极其严重的破坏，不仅表现在我们企图通过消灭我们觉得有害的生物，而达到“改造自然”的理想目的，而且表现在我们过度利用我们觉得有用的物种，造成有益和有害的物种均面临危机的“双输”局面。我们觉得老鼠跟人争夺粮食，极端有害，这样的物种即使从地球上消失也无所谓；我们认为犀牛是有益的，因为犀牛角是名贵的药材，对我们很有价值，所以我们同样要杀戮它，因为我们要利用犀牛角那样的资源。于是有害的被刻意消灭，有益的被过度利用，所谓的“益害观”实际上连起码的保护有益物种那样的基本目的都没能达到。

自然界中存在的物种必然有其存在的必要，不是以人的主观意愿为转移的，我们的益害观只是表达了人类对动物的狭隘看法，而绝大多数物种早在人类出现之前就已经存在于地球，在自然生态的平衡中扮演着各自的角色。假如造物主赋予人类决定所有动物利用价值的权力，让我们给每一种动物挂一个标签，相信没有几种动物可以被明确地挂上“绝对有益”或“绝对有害”的牌子。

如果仅把动物存在的价值与农业收成和人的经济收入相联系，就等于我们估量一个人的价值时，只计算“他的肉值多少钱，骨头值多少钱”那样浅薄可笑。以鼠类为例，从广义上看，虽然鼠类是给人类的农业生产造成重大损失的动物，同时它们也是许多动物的食物来源，没有了老鼠，生物链中将缺失重要的一环，许多动物也将面临危机；在狭义的层面上，是人的生产、生活方式的特殊性才使得鼠类大量繁衍，一定程度上讲，它们中的很多成员是依赖人而发展壮大的物种，控制鼠类危害的钥匙还在我们自己的手上，只有利用它们的特点变废为宝，才能摆脱鼠跟人打游击的局面。譬如说鼠的生活周期比较短，适应能力强，我们就可以培养无菌鼠那样的试验种类，为医药事业作贡献；有些外形可爱的鼠类，如被美化成“龙猫”的毛丝鼠，美化成“金丝熊”的仓鼠已经成为市场上的另类宠物，也是一种利用途径。

将动物过分地情感化也是我们在对待有益或有害动物时容易出现的偏差。凭视觉产生的好感程度来看待动物是很幼稚的行为，因为动物的价值不仅仅是体现在观赏方面。中国的孩子大多喜欢兔子和松鼠，但是它们给人类带来的损失一点也不比家里的老鼠少，由于形象上符合我们的审美观，即使有害也不觉得它们太可恶；反之，蛇类带给我们诸多好处，我们却一点也不念它们的恩惠，只因为它们的形象不佳。

有时候，我们太顾及自己的颜面，不及时修正我们的过失，致使错误行为仍以惯性作用危害本该“平反”的动物。前面提到的麻雀是一个例子，但远不是唯一的例子，譬如人们对于毒蛇的态度仍然存在问题，我们在爱护有益动物的宣传中，很少提及蛇类的生态贡献。碰到蛇（尤其是毒蛇）就要将其打死，迄今依然是许多人的一种行为准则，好像那样是做了一件对大众都有好处的事。从农贸市场上缴来的青蛙可以随即在附近的池塘里放生，但蛇只能集中处理，不能（或者说是不敢）随意放走，其中相当数量最终还是被“合理消化”，在经营者支付了一定的“资源补偿费”后，成为餐桌上的野味。

我们应该学会权衡利弊，综合考虑有益与有害之间的辩证关系，容忍其他动物跟我们一起共享地球资源。狼留给人的印象是凶恶而贪婪的，很高的捕食效率给人类的畜牧业一度造成不小的损失，是最臭名昭著的“害兽”，各国政府直到20世纪前半叶为止，还依然在悬赏消灭它们，于是各地的狼都难逃被无情剿灭的下场。随着狼在许多地方的绝迹，由于食草动物的数量成倍增长，造成的植被和农业损失已经远超过原先狼带来的畜牧损失，尽管我们依然不怎么喜欢狼，但还是准备再将它们从偏远的深山老林中请出来，控制我们原以为越多越好的食草动物数量。人为地控制自然生态的平衡是很困难的，而最简单直接的捕食与被捕食的自然法则却总是能找到合理的平衡点，虽然我们希望我们应该从自然中获得更多利益：最好是狼不吃我们的畜禽，食草动物也不争夺家畜的牧草资源，但我们毕竟不是可以随心所欲地掌控一切的。引进狼以后，畜禽依然可能被它们盗食，狼的本性依然不会变，不会有我们理想中的圆满结果，因此权衡利弊，它们的存在依然是有价值的。

大众科学知识的缺乏以及科普宣传的不到位，也在客观上造成了有些动物的益害概念被程式化的问题，有些动物的形象在大众心目中已经形成难以改变的固定模式，即使今后我们要修正原来的做法，在行动时也会遇到障碍。我国北方许多地区的大片防风固沙林由于树种单一，经常受到天牛那样的“钻心”害虫的侵袭，引进啄木鸟被当作一项生物防治害虫的有效措施大力推广，但是多种资料上很少提到啄木鸟泛滥造成的副作用，例如它们掏空不太粗的树干营巢，致使有的树造成空心，易被劲风吹折。依然要重提昆明红嘴鸥的话题。样子轻巧的红嘴鸥是昆明的林业部门花几十年培养的“品牌”，众所周知的“益鸟”，如今每年入冬进城的鸥鸟有数万只，形成一道独特的春城冬景。2005年冬受“禽流感”阴影的影响，人们开始疏远红嘴鸥，不再热情投喂它们，这本来是符合人与野生动物保持安全距离的规则的，红嘴鸥不能依赖人而生存，数量上的减少符合自然调节的规律，可是我们已经形成了一种思维上的定式，觉得红嘴鸥少了，就表示我们的环境就变差了，或者人与鸟不和谐了，于是相关部门又着急地开展“挽留红嘴鸥”的活动，把本来趋于平和自然的人、鸟关系再一次戏剧化了，红嘴鸥们又一次丧失了由特殊宠物变回野鸟的机会。假如有一天，红嘴鸥被发现确实对人造成危害，而需要像染病的家禽那样被消灭的时候，我们的过分热情应该承担一定的责任。

我国的“保护动物名录”近年来遭遇了不少的尴尬，可以说，除了苍蝇、蚊子和老鼠，大家熟悉的动物基本上都进入了国家级或地方级的《重点保护动物名录》，那样的名录是不分有益和有害的，大多数条文只讲保护，不讲利用，野生动物被名录“供养”了起来，成为特权族，谁碰谁倒霉，于是再普通不过的白鹭大肆叼吃昂贵的观赏鱼，农民敢怒而不敢有所行动；野猪可以在白天拱吃农田中的作物，要收拾这种传统上的猎兽，如今要有政府的批文，受损失的农民要捍卫自己的劳动果实，还要冒投鼠忌器的风险。有用的和有益的，被保护和有危害的，在概念上时常被混为一谈，使有害物种得不到控制，也使有益物种遭受有害物种同样的厄运。“有害动物”的概念容易被大家理解，只要不去养它们，随我们怎样处置都行；而在对待“有益动物”的概念上，我们经常会陷入混乱。譬如蝴蝶，它们的成虫美丽飘逸，是大众喜爱的昆虫，但是它们的幼虫却是吃植物的，特别是一些种类还是农业生产的害虫，我们该如何界定它的益害？如何对待眼前有害而长远有益，或是对经济有害而对环境有益的动物，是值得我们认真思考的问题？

我们非常滑稽地把肉味鲜美或皮毛精致的动物列为“经济动物”，它们基本上算是对我们有益的动物，但是经济价值使得它们像有害动物那样被我们消灭和过度利用，有害或有益的区别不能使它们的命运有所改变。提供“羚羊角”的赛加羚和提供“犀角”的犀牛已经在我国的野外灭绝，提供“沙图什（围巾）”的藏羚羊正在步它们的后尘，曾几何时，许多种动物均被当作需要除去的害兽加以对待，但是我们还不忘在资料上注明“肉可食，皮可制革，某某部位可入药”那样的心虚文字，有点“醉翁之意不在酒”的意味。

不要因为杀戮了以我们的标准看来是有害的动物就可以心安理得，也不要因为某种动物属于“经济动物”而认定它只属于人类而不属于地球，更不要用“有益”或“有害”那样的词来为我们不负责任的破坏行为找借口。

第四章 杀戮的理由

人是地球上最残酷血腥的物种，我们杀死动物可以不需要任何理由，我们甚至也是杀死同类最多的物种。我们还可以为那样的行为设计各种工具和计划，并且以我们认为文明高尚或是“迫不得已”的手段来施行。

没有哪种现存的灵长目动物像人类那样喜欢肉食，并能够对其他动物造成强大的杀伤力，这要归因于我们对包括火在内的工具的使用，烹煮的过程使我们能以素食动物的肠胃消化肉食动物的食物，武器的使用让力量的对比不再局限于能跑得多快，力气有多大，牙齿有多厉害这样的层面，使我们成为一种另类的捕食动物，也许正是因为我们的这种另类，才导致我们不一定按照捕食动物那样的自然规则行动，进而产生“非必需的杀戮”那样的特殊现象。

第一节 食肉寝皮

像所有捕食动物那样，人类对动物资源的利用起始于最基本的果腹需要，虽然从生理结构分析，我们的祖先不是典型的食肉者，但是肉类所含的丰富蛋白质，确曾给我们的智力发展提供了基本的营养保证。最早的人类狩猎史已无从查考，西方严谨的考古学家推测最早的原始人类用最简陋的工具捕鱼，也用石块砸开动物骨骼，以吸食其中的骨髓，直到投掷工具被熟练运用后，我们的狩猎成果才稍微可观，开始真正意义上的捕猎活动。

自然界的动物资源不足以供养那么多的人类，人类的主要食物从来就没有依赖过大量的肉食，世界上少数依赖狩猎为生的部族，在生产力和人口、社会的发展上一直受到资源的限制，所以我们不能把人类捕猎动物的活动简单地理解为主流的生产活动，它更多地应该是依附于自然的特殊经济文化现象，譬如在我国的封建时代，狩猎就是一种贵族化的仪式，食肉寝皮需要有一定的等级。大众在生活水平有了实际的改善之后，与其说是在食物结构上，倒不如说在精神上把能够享用野生动物这种历来较稀缺的资源作为一种地位提高的象征。

由于长期以来的心结，即使人们培育出了各方面品质都不逊于野生动物的家禽（畜），我们依然相信野生动物的“功效”，因此针对野生动物的“食肉寝皮”所包含的信息，远不止平常的吃饭穿衣那样平常。

野味的诱惑力

21世纪初，在“果子狸传染SARS”的传闻把人心弄得忐忑不安之后，广东省政府倡导民众不吃野生动物，我的一位南方朋友听说后这样感叹：

“如果真是那样的话，广东的饮食文化今后将不复存在了。”

这样的话或许说得有点夸张，但也从侧面上反映了野味在许多国人饮食文化中所占地位的重要，由于传统观念的根深蒂固，我们保护野生动物的道路将漫长而曲折。

一些人至今还固执地认为，野生动物所含的营养比家养动物要丰富得多，所以野味的最大诱惑力来自所谓的“滋补”作用。冬季是中国传统养生观念中适宜“进补”的季节，因此也是野生动物被杀戮最集中的季节。尽管古代的养生观中有些观点是否经得起现代科学的检验还值得商榷，但是大家依然喜欢既满足口腹之欲又有益身体的“食补”方式，民以食为天嘛！可笑的是，我们会用极端利己的眼光去分析看待老祖宗的传统观点，只考证什么能吃，吃了滋补，对于有些古代医书中不提倡食用的动物种类，则用掌握的现代科学知识对之进行一番有利于自己的新解释，然后照样被我们摆上餐桌，真正的“弃其糟粕，取其精华”，依旧大快朵颐。譬如说《本草纲目》中提到“鬼车（猫头鹰），……诸鸟有毒。”但是我们会说，那是迷信，鸟的肉怎么会有毒！《本草纲目》记载鹿肉只适合正月食用，我们则将之引申为只要在冬天吃就行，因为正月和冬季的其他几个寒冷月份没有实质意义上的差别。假如典籍上记载某种动物的美味，我们就会说："你看，我们的老祖宗说得没错！"野生动物能不能吃，哪些该吃，该吃多少，应该有科学的论证和评估，遗憾的是，我们保护野生动物的正面宣传只停留在空泛的说教上，缺乏科学支持的说服力，让大家觉得那是政府的事，与个人的关系不大，我们很少从风俗和价值观的角度来分析为何有那么多人热衷野味，因此也就拿不出切实有效的方法，在科学和道德的双重层面上来约束这种"文明人的野蛮行为"。

在传统医学中，许多野生动物都被认为具有显著的医药效果。在医疗资源稀缺的实际情况下，老百姓的看病是生活中无法忽视的大事，对于缺乏医药知识的平民来说，捕捉（或购买）野生动物入药，要比看病求医更经济，也更方便操作，自己可以得到的"偏方"无疑是具有特殊意义的救命稻草。从人性化的角度去看待野生动物被当作"特效药"的事实，比起那些以吃、玩的方式消遣野生动物的情况，更让人多一分理解和宽容。客观地说，现代医学的许多成果完全可以解决大多数常见病的治疗问题，其效果要比传统的偏方更有效，但是也不否认现代医学对于有些慢性病和特殊病症的治疗效果尚不理想，病急乱投医的人们四处求医，动了野生动物的念头也是情有可原的。关键在于，我们有没有科学地分析过那些所谓的动物偏方，并且明确地告诉大众，哪些是值得研究的，哪些是可以用其他药物替代的，还有哪些缺乏科学的依据。可以在合理利用自然资源的同时，也避免盲目地伤害野生动物。几年前风传龟鳖可以防癌甚至治癌，于是市场上以龟鳖为原料的"滋补药"和"龟鳖宴"应运而生，致使野生的龟鳖资源遭到极大破坏，如果政府相关部门能及时进行干预和引导，向大众宣传关于癌症防治的科学知识和关于癌症的基本医学常识，可以在一定程度上遏制滥捕滥用之风。

有的时候，人们吃野味只是出于一种猎奇心理，或者说还带有那么一点浮躁的炫耀。山珍海味中罗列出的野味名馐，与其说是美味，还不如说它们更稀罕，例如雨燕的唾液（燕窝）、熊的脚掌都是十分稀有的东西，只有地位尊贵的人才有福享用。据吃过的人说，在吃这些东西的时候，心理上的满足感远多于味觉上的满足感，那些搜肠刮肚地为它们寻找营养依据的人，应该无法证明这些食品中的营养成分到底有什么特殊之处。当我们的经济条件改善之后，也想享受一下更高阶层人群的生活，于是吃得起数百元、上千元一斤的"山珍海味”就成了一种富足和特权的标志，吃野味的人也许并不喜欢野味的腥膻和油腻，但肯定会享受宴席之外的心理满足，这大概就是我们许多人所称道的“饮食文化”吧。我们简单地宣传野生动物如何地需要保护，食用它们如何地具有传染病、寄生虫那样的风险，对他们起不到应有的作用，因为他们实际上在乎的不是野味的味道和营养，而是那种附着在野味之上的精神上的东西，只有在“什么才是真正具有高尚道德品质的文明人”这样的问题上给出鲜明的答案，使大家自觉遵守“富而不俗，贵而有德”的行为规范，野生动物才有望得到真正的解救。

野味被大众所青睐的现实告诉我们这样一个事实，吃野生动物是封建时代贵族意识的遗存，说它是中国传统饮食文化乐章中一个变调的音符也不为过，那样的观念深植于我们的潜意识中，在强调弘扬传统民族文化的今天，如果我们能用科学的观点重新整理不再切合时代状况的内容，去除其中的糟粕，对于我们继承祖宗的优秀文化和保护现代的生活环境，都有积极的意义。

查获走私野生动物

家养动物的归宿

人类饲养动物的历史几乎跟人类的文明发展史同样悠久，数千年来，我们饲养动物的目的一直是为了利用和支配它们，从家养动物开始存在的那一天起，它们的命运已经被注定了，从未曾有实质上的改变，即使是近年来有些动物保护机构、组织发出改善家养动物福利的呼吁，其用意在于倡导人的朴素道德观，也从生理学的角度阐述了文明饲养和屠宰家禽（畜）对我们饮食健康卫生的重要性，在本质上依然还是站在人类自身利益的立场上说话的。

家养动物跟野生动物已经有了实质上的不同，它们是可以完全受我们掌控的特殊物种（包括它们的生命），早已没有了野生动物的基本属性（行为独立、行动自由，为生存而竞争），相当意义上已经沦落为我们的产品。家养动物的一个最大用途就是被吃，因为我们也是捕食动物，动物蛋白是我们非常需要的营养成分，家养动物就是我们常规的“捕食”对象。我们在饲养鸡鸭这样的动物时需要付出饲料和管理的成本，用比较低廉的成本换回高质量的营养，饲养那样的动物，就像我们的耕作那样，是一种生产活动方式。

我拜读过《动物解放》这本影响很大的涉及动物福利的名著，书中处处体现出作者对动物的悲悯胸怀，令人感动。或许是受到不同文化环境的熏陶，里面的有些观点却没能引起我的强烈共鸣，譬如谈到动物有没有痛苦的感觉，我感觉到作者本身也处在一种矛盾的心态之下。作者认为温血动物具有跟我们十分相似的痛苦感受，被吃将是极度的痛苦。他本人不吃，并努力呼吁大家都不要吃它们。他也不忘提到虾和虫子那样的低等动物可能不会有痛苦的感觉，给我的感觉似乎是，吃那些不会因为被吃而痛苦的物种，我们的内心将会平静些。但是从广义上看，小动物和植物也是具有生命的，或许同样具有我们尚不知道的痛苦感受，为了避免它们的痛苦，我们还有什么是可以吃的呢？动物间捕食与被捕食这样的自然现象，是不能完全用人性的观点去衡量的，我们作为一种动物形式而存在，要依靠外界资源而生存是不争的事实，如果要顾及被吃对象的感受，那么我们将不能摄入任何有机物，同理，我们是不是该谴责所有的捕食动物，给被吃对象造成了痛苦？

家养动物的另一种归宿是成为人的傀儡，让它们做违反本性的事，被动地供我们取乐，或帮助从事人类特有的劳动。动物被塑造（我们称之为“驯化”）成会呼吸的工具，是另一种被我们利用的形式，我觉得不能斥之为是人类的野蛮，那是我们作为具有高等智慧的捕猎动物，对被捕猎对象的一种特殊的利用方式——奴役对方，而不是吃掉对方。

家养动物是适应我们人类特殊捕猎方式的产物，它们在很大程度上替代了本应由野生动物承担的牺牲，我们培养，或者可以说是生产出在品质上比野生动物更优越的品种，从物质上解决了更多人的吃肉问题，宠物的存在也在精神上满足了人类的统治欲。既然总归要有被人类消费的动物，家养动物身上毕竟有人类的付出，它们被消费，在情理上应该更能够被我们接受。就算你是个地道的自然主义者，也大可不必为家养动物的境遇感到恻然，如果它们能替代野生动物而造福于人，避免人类对自然的过度利用，那么它们的牺牲就是有意义的。

应该让自然主义者感到恻然的是，人与野生动物的矛盾并没有因为家养动物的出现而有根本的化解，野生动物的独立性使得我们的统治欲得不到充分的满足，野生动物依然按它们的本性跟人类的秩序相冲突，跟我们共享我们原本以为可以独享的资源。说人类是贪婪的生物不算冤枉了我们，我们的目光没有离开过已经节节败退的野生动物，有了足够多的家养动物，我们其中的许多人为满足自己的虚荣，仍然以能够享用稀少珍贵的野生动物资源作为自己的特权表现，为了适应那样的需求，我们不断地驯化新的野生动物种类，使家养动物的阵营不断扩大，鹌鹑、鹧鸪、雉鸡、鸵鸟、狐狸、貉、海狸、牛蛙、螯虾、蚂蚁、河豚……许多我们的祖辈没有见过的“家养动物新品种”越来越多地产生，并以很快的速度被我们吃腻，猎奇的眼光于是又盯在更稀罕的种类上。我担心，只要人对于野生动物的觊觎之心没有改变，哪怕地球上只存在一种野生动物，它不是被赶尽杀绝，就一定会被我们驯化，它的归宿就是我们如今能在家养动物身上看到的那种悲惨归宿。

高产之忧

人类有足够的理由为自己改变世界的能力感到自负，我们可以在不到百年的时间里把世界上数量最多的候鸟旅鸠收拾得一只不剩，我们可以在几分钟内砍倒生长了几百年的大树，只要我们愿意，我们可以用世界上最庞大的动物之躯作为我们的下酒菜……难怪我们敢于挑战自然法则，人的智慧实在是最可怕的力量。

我们的科技确实能够颠覆许多自然法则，例如在高科技的“动物工厂”

里，家养动物的生长速度和单位面积内的饲养密度都是自然界的动物绝对做不到的。我们的工厂化密集饲养，可以在不足100平方米的屋子里同时饲养数千只家禽，让鸡鸭们在窄不容转身的空间里完成生长周期，它们只需做一个动作，即伸头吃喝，各种精心设计的饲料保证它们的生长周期尽可能地缩短。不仅是鸡鸭可以被养在为利用空间而层层搭起的“小阁楼”里，猪、鱼、牛等多种动物都可以采用空间超饱和的集约化饲养，每只动物占多少空间，每天吃多少饲料，长多少肉都经过精确的计算，力求在尽可能节省空间和饲料的情况下，取得最大的经济效益，同时还要保证它们届时像工厂流水线上下来的产品一样，有完全相同的规格，便于统一加工处理。实际上它们就是我们的产品，它们大部分的动物属性完全可以被忽视，譬如大多数的养鸡场可以只饲养清一色的母鸡，不必考虑配对的问题，因为绝大多数母鸡不必等到性成熟期到来，就被送进了屠宰流水线，统一去（羽）毛、开膛、清洗、分割、包装，过程同加工金属零件没有太大本质上的差别。

动物的生活应该保持应有的自然特性，违背自然的生活方式可能给它们，乃至给我们带来非常之祸。为什么说是非常之祸呢？因为我们对自然状态下的动物有一定的了解，毕竟我们同那种状态下的动物打了至少几千年的交道，但是对于我们单纯地为了提高产量而采取的有些纯技术措施可能会带来什么副作用，我们并没有充分的预见。一旦发生缺乏思想准备的特殊情况，我们将措手不及。

快速催肥的动物，在肉的品质上有所下降是不争的事实。工厂化养出的鸡被我们称为“洋鸡”，肉和蛋都缺乏鸡应有的口味和营养，由于生长期仅几十天，而且饲料种类单一，导致鸡的体内营养物质不足是必然的，现在大家都宁可多花钱，买依照传统散养的“土鸡”和“土鸡蛋”来吃，工厂化的成果并没有被很多人接受，看来在提高产量的同时该注重质量才行，尊重被养动物也是动物的客观规律，认识到质量的提高必须要有空间和时间上的投入。

把动物饲养在不容转身的狭小空间里，环境卫生条件得不到保障，加上动物缺乏基本的活动空间，必然导致体质下降，容易产生各种疾病，而且一旦发病，疾病也非常容易在群体中迅速传播。2005年国内报道的多起高致病性禽流感案例中，无一例外地都发生在密集饲养家禽的养殖场。大规模高密度饲养的动物容易发生疫病已经是养殖业的常识，给动物注射各种疫苗是养殖场中程式化的工作，如果不依靠各种疫苗和抗生素，我们恐怕无法“健康地”将它们的生命维持到出栏的那一天，我们为什么不能腾出一些空间，培养出体质更强健的家禽（畜），别再让大家吃那些靠疫苗维持着不生病的“亚健康”动物呢?

为了让集约圈养的动物不生病，我们会刻意地给它们注射或服用各种药物，那样的药物可能会残留在动物产品中，对消费者造成危害。譬如被施用了抗生素的奶牛在产出的牛奶中就有抗生素的残留，喝牛奶的消费者在不知情的情况下就被“下了药”，有谁知道我们消费的肉、蛋、奶中还有那些在自然生活的动物中绝不可能出现的“化学成分”？别怪有的人热衷吃野味，至少野味中不含药。

尤其邪门的是，饲养者会给所养的动物喂食极端另类的饲料，以获取最大的利润回报。最著名的是“牛吃牛”事件，欧洲某些养殖场主把屠宰牛以后产生的废弃牛内脏加工成蛋白质饲料再喂给存栏的牛吃，认为此举既节省饲料成本，又能使牛的生长速度加快，结果发现有些牛得了脑组织海绵化（疯牛病）那样的怪病，并且可以感染吃患病牛肉的人。吃素的牛被迫吃荤，甚至是变相地吃同类，且不从伦理上考虑是否合理，那样极端的做法，会给吃另类饲料的动物在生理上带来什么不可预见的变化，我们的认识还相当有限。这样的情形不同程度地都发生在以人工饲料饲养的各种家养动物中，例如家禽饲料中被加入鱼粉和各种添加剂等在自然状态下绝不可能摄入的成分，会在动物体内产生怎样微妙的变化，以及长期食用这样的动物产品是否会对人的健康造成安全影响，都还没有进行科学的研究论证，让我们不敢放心地使用那样的“高科技”产品。

科技改变了人类的生活和观念，但是我们不能就此认为我们可以改写自然规则。人本身毕竟也是自然的产物，我们能在多大程度上超越自然，不是凡事都可以由我们的主观愿望决定的，许多以前我们认为引以为豪，现在被证明是愚蠢的事情不乏其例，譬如毁林开荒、发展工业却不控制工业废物污染空气和水源等，有谁能保证我们将来不会为片面追求高产量的动物饲养方式感到追悔莫及呢?

第二节　除害

地球上资源的总量是有限的，在人类生产力飞跃发展的时期，跟野生动物发生资源利用上矛盾的情况日趋明显，越来越多的人口势必要占用更多的资源，即使是利用再生的资源，其效率也不能适应我们日益膨胀的需求，而且要付出额外的成本，我们很少考虑自身在利用资源的方法上是否有问题，是否该节制一下我们的奢侈，而经常会采用最直接，并且也是最野蛮的做法——掠夺，来满足我们眼前的需求。我们最大的掠夺对象是自然界被我们称之为“人类朋友”的动物们。

我们掠夺资源的方法带有我们平常行为的特点，首先创造一种以自身价值取向为标准的规则，并且要求自然界的动物也无条件遵守这样的规则，假如动物的行为不幸与我们制定的规则发生了矛盾，它们就必须要适应遵守我们规则的生活，否则就要被消灭。对于人来说，那是一种强盗逻辑，但是我们掠夺的对象是不会为自己争辩的动物，那就另当别论了。当人类产生以自我为中心的观念后，势必要由那些敢于挑战我们绝对权威的对象付出代价，它们就是我们所谓的“有害动物”。

文化影响观念

我们有时判断一个人的好坏不一定要亲自跟他打交道，只要说他是坏蛋的人多了，他自然就成为了我们心目中名副其实的坏蛋。人的“从众心态”使我们丧失立场和主见，众人的心态和价值观构成了文化的要素，这样的文化特质也影响着我们对野生动物的看法。

受到世俗文化的影响，野生动物被妖魔化和拟人化会影响大众对它们的客观态度，虽然科学研究已经证明有的野生动物对我们的环境有益，但是在传统文化中它们是被贬损的对象，大家已经在观念上将其等同为有害动物，信传统而不信科学的民众大有人在，更何况我们的科普宣传还经常苍白无力。科学和世俗进行着争夺信仰者的较量，哪一方的力量占上风，就可以影响我们的观念和行为。

我特别要强调动物文化在认定有害动物中起到的作用，是因为传统文化的力量在我们心中还举足轻重。我们从来只说保护青蛙，从不说保护蛤蟆；

我们常爱说保护啄木鸟，但不会说保护夜猫子（猫头鹰）；爱护大熊猫可以挂在嘴边，而要是换了黄鼠狼，就绝对叫不响……我们不用担心青蛙、啄木鸟和大熊猫会被当成有害动物，但是蛤蟆、猫头鹰和黄鼠狼就有可能被我们忽视，甚至不经意间被当成有害的动物。

为了避免文化观点和科学结论发生矛盾时，影响我们在动物保护工作中的正确方向，我们首先应该尊重传统文化在人们心目中的地位，采用通俗但真实的科学知识宣传，解析为什么有些动物会给我们造成与实际情况不同的印象，而不是一概斥之为愚昧和观念落后，其次我们要向大众讲清文化习俗和科学事实存在差别的道理，教育民众在关乎野生动物生死存亡这样的事情上，让情感上的好恶服从于科学的理性，用更辩证的眼光看待那些给我们带来实际好处的动物。我们依然可以在文学作品中把黄鼠狼描绘成贼，但是当真实的黄鼠狼出现在我们面前的时候，希望大家把它看作是一种灵巧可爱，会抓老鼠的、长相特别的“猫”。

当需要我们决定对某些野生动物采取对策的时候，科学的结论固然是我们行动的指导，但是如果不考虑传统文化对大众造成的惯性思维的影响，我们就难以得到广泛的积极参与和支持，我们可以把实际工作的重点摆在那些容易被大家误解和忽视的动物上，但是在宣传这样的形象工程上，则应多让那些大众喜闻乐见的动物担当主角。

害兽的概念

任何跟人发生利益矛盾的动物都是可以被我们消灭的。昆虫是否有害，要看它们吃不吃我们喜欢的植物，如果它们的口味与人相同，那就一定是有害的。其他种类的动物，如鸟类和兽类的情况也大抵如此。于是就产生了一个很有趣的现象，那些被列为有害动物的对象，绝大多数本来就是自然界中基本上吃素或是杂食的被捕食者，而那些捕食动物，因为可以吃掉我们认为的有害动物，而被列入有益动物的名单。如果你缺乏基本的动物常识，教你一个区分动物 “益害”的最简单方法：“吃荤的野生动物（只要不吃人，不吃家禽家畜）基本上都是有益的，吃素的野生动物大多是有害的。”

我们的益害标准常常是蛮横而不需要前提条件的，或者说，我们自身的经济利益就是压倒一切的前提。欧洲的早期殖民统治者尚且能为了掠夺资源而残害同为人类的美洲和澳洲原住民，我们用类似方式对待动物就更不在话下。譬如说你在林间新开辟了一块耕地，那么本来在那片树林中自由采食的动物可能一下子都成为你的敌人，因为它们会破坏耕地，影响你的收成；我们把某一地区的野生小动物杀光或赶跑，以大量的家养动物取而代之，但是却无法容忍本来以那些小动物为生的狐狸和狼因为饥饿难耐而吃家养动物的现象。我们不会顾及这样的事实：是我们首先侵犯了它们的领地，剥夺了它们本来应有的资源。

我们早已习惯用经济利益来判断野生动物是否有用，从人的动物本性来看，产生自私的行为是很自然的，但是也有些时候，我们依自己审美观的不同，有时甚至仅凭自己的想象，或者是道听途说，就轻易地给动物“贴上有害的标签”，就未免荒谬。在国内做民意调查的话，我相信有相当多的人会把毒蛇和狼列入有害动物之列，不喜欢猫头鹰的人也不会在少数，如果进一步调查他们如此选择的理由，应该会有“长相丑陋、凶恶”，或是“不吉利”那样不成理由的理由。

在第三章的第四节中，已经阐述过人们对于动物益害的肤浅认识，要改变这种状况，光靠现成结论性的宣传是不够的，应该引导大众用辩证的思维来看待野生动物在自然界的作用，让人家从原理上理解而不是仅仅是在字面上了解生态平衡和生物多样性的存在给我们实际生活带来的好处，自觉树立保护环境就是保护自己的意识。

由于我们的动物科普宣传者和执法者中有相当一部分自身对动物知识的了解还很欠缺，要让他们把辩证看待动物与人类益害关系的道理说透、讲明是困难的，因此我们目前制定的与野生动物相关的政策依然粗糙和片面，在实际的操作上遇到不少的问题，最突出的是依然没有摆正保护和利用的关系，片面强调保护，忽视了合理利用和适度控制野生动物的危害这样关系到民众切身利益方面的问题，致使我们的野生动物保护出现大众参与热情不高、经费来源困难和人才匮乏这样的尴尬局面。

滥分野生动物的益害和不分野生动物的益害都是不利于我们对野生动物资源的积极保护和合理利用的。愿我们的决策者多听听科学家的意见，修正认识上的偏颇，避免盲目。

除害的尴尬

大洋洲南部的热心环保人士近年来一直在寻找“袋狼”（也叫“塔斯马

尼亚虎”）依然存在的证据，迄今没有令人振奋的消息，这种大洋洲本土上最大的有袋食肉动物，当年因为背上“吃羊”的坏名声而被人们悬赏捕杀，如今已经在广袤而原始的大洋洲土地上消失，它们极有可能在多年前就已经灭绝了。我们大概意识到我们当初的行为有不当之处，即使鼓起勇气想挽回我们的过错，恐怕也找不到说一声“对不起”的对象了。

我们最初以为，某种动物一旦被我们确定有害，就应该被不择手段地杀死，这是消除它们危害的最简单而无后患的做法，为了斩草除根，杜绝有害动物卷土重来的可能，我们的屠杀当然是越彻底越好，于是毒药、火烧和反复扫荡那样大规模杀灭的措施都被用在除害手段中。

这样的手段对付大型动物的效果特别地好，所以在城市和人口密集的乡村，现在已经很难见到比狐狸更大的兽类了。虽然我们的初衷是消灭有害物种，但是由于自然界的生物都是互相依存的，针对有害动物的极端手段首先消灭了我们既定的目标，接着，以那些有害动物为食的天敌也跟着消失，能够侥幸存活下来的，是一些适应能力非常强的小型种类，由于自然界能够控制它们的因素大多已经在我们的除害活动中被除掉，食物链也遭到了破坏，它们于是就只有更多地依赖被我们保护下来的那些人类资源而生存，成为令我们头疼的超级有害动物，人类有约四分之一的农作物收成是被这些小动物们消耗掉的，老鼠和蝗虫就是其中的代表。在被人类“清洗过”的地区，鼠害和虫害要比生物多样性丰富的原始地区更厉害。

人类除害的手段可谓五花八门，但是平心而论，不懂得自然规律的我们采用的除害手段虽然有时惊心动魄，蔚为壮观，但效果却并不总是很理想，因为我们不是大自然所设计的捕食者，缺乏对付某些有害动物的天赋，我们很难做到有针对性地只消灭我们想消灭的目标，而不伤及其他种类，反思我们过去的做法，被我们除掉的可能是本来的捕食者，是控制有害动物的中坚力量，这一下等于变相帮了我们“对手”的忙。另外，我们在毅力和耐心方面，也不像自然界的捕食动物那样执着，它们会把捕食作为生活的唯一目标，我们却不会。按照一般规律，越是弱小的动物，适应新环境的能力就越强，那样它们才能在竞争中取得平衡，这种能力在被经常捕食的动物身上表现得尤其突出，不幸的是，这些在残酷的自然竞争中总是被动防御的被捕食者正好也是我们想要消灭的对象，它们在亿万年的进化过程中所发展的抵御严酷环境的能力，正好在抵御人类的进攻上派上了用场。鼠类和昆虫正以惊人的效率对各种农药和杀虫剂产生抗药性，我们施的药到头来却毒害了我们自己。

人类消灭有害动物的战争将会是一场持久战。由于我们当初不分青红皂白地剿杀我们觉得有害的动物，结果转了一大圈后才发现当初的目标找错了，省悟过来之后，就难免面临尴尬的局面：不当的除害手段使对手越来越强，越来越狡猾，现在要找到当初被我们错杀的帮手也日益困难，就像大洋洲的牧民那样，发现野兔和袋鼠吃掉牧草和传播疾病造成的损失远超过当年袋狼所造成的损失，他们需要袋狼帮着控制狡猾的野兔和袋鼠，但是袋狼没有能等到给它们平反的那一天。我们故土的狼也面临类似的情况，但愿它们不会步“袋狼”的后尘。

第三节　取乐

在满足了基本的生理需求后，人类的征服欲永远会像野火烧不尽的杂草那样，从我们的心底滋生。但是受追捧和瞩目的大佬和明星毕竟是少数，要在同类中满足那样的统治欲望是困难的，于是大多数人不得不通过在形式上征服异类，从而获得心理上的满足。

动物不幸成为我们选定的目标，因为它们是最接近人类，又不需要我们为自己的胡作非为承担道德责任的生物，越是大型、稀少的动物，就越是被我们热衷于选为“征服”的对象，而征服它们的最彻底也是最显见的方式就是剥夺它们的生命，有时候，我们虐杀动物的目的仅仅是为了取乐。

物种歧视

人类之所以可以没有任何精神负担地拿动物的生命作为消遣，是因为我们把它们看作不值得重视其感受的低级生物，我们有着理所当然的优越感和支配权，简言之，是我们对物种的歧视令我们肆无忌惮。

我们中的绝大多数人（当然包括我自己）从来就没有把野生动物看做是跟我们平等的物种。小时候上学，我们接受的就是“人类是万物之灵长”、“只要有了人，什么人间奇迹都可以创造出来。”这样的教育，即使是最自卑的孩子，也不会在小动物面前表现出缺乏自信。时至今日，翻开跟动物相关的书籍，前言中“动物是人类的朋友”之类的口号出现频率很高，说明我们已经开始意识到物种歧视是不文明的表现，但是书中的内容依然存在着我们对动物居高临下的姿态，譬如养鸟的书中依然有很大篇幅介绍如何捕捉和饲养野鸟，却很少提到平均在笼中养活一只野生观赏鸟（达1年以上），大概要付出20只以上野鸟性命的代价。在国内以动物为题材的少儿卡通节目中，反面（动物）角色的结局大多是被打死、摔死或淹死之类，编剧很少考虑到应该向孩子们传达这样的信息：即使是“坏的动物”，它们的生命形式也需要得到应有的尊重。

不管怎么说，要在意识上真正把野生动物当成我们社交意义上的朋友是困难的，因为我们很少可以跟它们进行交流，培养出人类朋友那样的真实情感。饲养宠物的朋友们或许可以在家庭范围内跟自家宠物进行有限的感情互动，即使只有了那样有限的体验，宠物主人们依然可以认识到动物不是我们以往认为的、没有七情六欲的“会动的物体”，同样应该被我们尊重，他们因此也率先成为倡导善待动物的积极分子。

在人与人之间的歧视依然普遍存在的现实世界，要彻底消除人对动物的歧视是不现实的。如果我们可以通过人与人之间加强交流沟通和培养自身的文明素质，逐步以豁达和仁慈之心看待比我们更弱势地位的人群，消灭狭隘的歧视心态，那么我们也可以通过多了解动物知识，在一定程度上改善我们对它们的看法。当我们朝动物举起手中的棍棒刀枪时，想一想它窝中也许有待哺的孩子，想一想用它失去的生命交换我们不够真实的愉悦是不是值得，也许我们会因此而产生恻隐之心。

我们不必在没有什么真实感觉的情况下，希望让被保护的野生动物对我们产生感恩的心态，不需要象征性地表态说我们是它们的朋友，消除歧视本身是一种人性的升华，表明我们离浮躁、虚荣、狭隘和势利又远了一步，野生动物是我们道德进步的见证者，如果我们能客观地看待它们，那么也意味着我们能够客观地看待我们自己，客观地看待世界。

虚假欲望的满足

操控他人的生杀大权是统治欲的至高满足，在封建时代也只有帝王和少数显赫的权贵可以有那样的特权。时代虽然进步了，但是人们的统治欲望却没有得到根本的改变，只是在形式体现上有所不同，譬如老板可以解雇员工，有的地方官可以将公共利益占为己有，他们可以不顾及对方的感受而为所欲为，不管怎样，可以满足人类征服和统治欲的渠道实在有限。

不过我们还是找到了可以被我们进行精神奴役的对象——野生动物。它们有相对的独立性，不像家养的动物那样，从生下来就注定了成为人类资源的命运，通过对那些不是生来就受制、听命于我们的野生动物的杀戮，我们似乎可以找到一点征服与统治者的虚荣。狩猎在如今早已成为一种贵族的休闲（偷猎当然除外）活动，能够在谈笑间杀死一头凶猛或敏捷的动物，仿佛我们自身比猎物更有力、更敏捷。虽然是一种不真实的感觉，但也足够让我们陶醉和炫耀一番。

欧洲人首先发明了这种自欺欺人的强者游戏。那些在自然界中称王称霸的猛兽被禁锢在笼子里，无助地被近距离射杀；或是在人为营造的，双方力量对比极不平衡的情况下，人跟动物进行一场不公平的较量表演，结果不会有任何的悬念，骑着大象或躲在坚固越野车里的猎手，总会用带有光学瞄准装置的大杀伤力火器射杀那些已经晕头转向，惊恐万状的动物。

希望国内的民众不要追逐这种令我们心虚的奢侈，如果认为自己是真正的强者，不需要通过不公平的竞争表演来证明自己的实力。如果说我们出于物质需要而杀戮野生动物是基于人类尚存的兽性本能的话，那么用鲜活的动物生命作为取乐的方式，就是人性的倒退。欣闻英国的民众已经开始反对传统的猎狐活动，这不仅是他们的觉悟，也让我们体会到，我们正以一种更平和、更豁达的心态改变着我们的世界观。带着一大群纯种的猎犬，骑着纯种的高头大马，不是要靠狐狸的肉养活自己和一家老小，也不是指望它们漂亮的毛皮给我们御寒，我们只是为了自己的好心情，就乐意看着绝望的小小狐狸如何被我们折磨致死，于心何忍？若动物有知，不仅会为我们的行为感到愤怒，亦当为我们感到羞耻。

虐杀之过

我们将满足基本生理需求以外的过度杀戮称为虐杀。人类靠猎杀动物为生的时代早已成为久远的历史，但是我们的杀戮行为没有因此而收敛，具有讽刺意味的是，野生动物是随着人类文明的发展而日益陷入困境的，所谓的文明程度越高，我们对付野生动物的手段就越残忍，它们被人为灭绝就越容易。我们无法回避的事实是，仅20世纪，完全是人为因素造成、经我们的手被杀灭的鸟兽种类就超过100种，而由于人类活动造成的环境破坏、栖息地丧失和外来物种引入等间接伤害，则导致多出这个数字的好几倍的物种灭绝。对于不能接受我们文明方式的动物来说，过去的100年是一场浩劫（即使是人类，例如二战时期的犹太人，非洲卢旺达内战中的胡图族，波黑战争中的塞尔维亚族都遭到意在被彻底清除的虐杀）。

人类为何如此残忍？驱使我们做出虐杀行为的不是文明本身，也不是高科技的工具，而是我们随着文明发展而膨胀的私欲。文明的出现让我们更懂得享受，不再满足于基本的物质追求，转而追求更高的物质和精神需求，这需要更多的资源作为保证，杀死对方的目的就意在掠夺有限的资源。猎杀动物取乐也算是一种精神资源的掠夺，因为一头动物只能被杀死一次，供一个猎手得意，如果我杀死一只狐狸，别人就不能从这只狐狸被猎获的过程中体会到满足了。

有人用动物世界中的虐杀现象为我们自己开脱，例如黄鼠狼会咬死远超过它的食量的多只家禽，狼可以在一夜间撂倒十几只羊，而实际吃掉的却很有限……将人类的虐杀行为归因于捕食天性的遗存，认为只是兽性尚未完全泯灭的一种表现而已，以此证明我们的道德并没有因为文明发展而堕落。

我觉得这样的理由并不充分。自然界的动物虐杀现象是极其罕见的，因为野生的被捕食动物不会愚蠢到任人宰割的程度，否则它们在自然竞争中应该早就被消灭殆尽了，除非出现这样的极端状况：被捕食动物在受到袭击后不能逃散，仍旧在附近逃窜，而逃窜的行为不断刺激捕食动物的捕猎本能，于是致令捕食动物下意识地接连扑杀身边的猎物，直到筋疲力尽。这样的被捕食动物只能是失去自由和防御本能的，一定意义上讲是迟钝和麻木的家养动物。试想，除了被关在小范围空间内的家养动物，还有哪种被捕猎动物符合这样的特征呢？那些捕食动物的虐杀行为应该是针对家养动物的一种特殊例子。我们人类的情况并非类似，我们对环境的控制能力要强得多，不必过分担心必需资源被眼前的威胁所掠夺，我们可以在需要的时候随时取用储备的资源（包括家养动物），而不是无计划地过度滥用，更重要的一点，没有证据表明我们具有捕食动物那样追逐猎物的本能，并不存在促使我们身不由己地捕杀动物的生理机制，所以用那样的例子不能推卸我们应负的虐杀责任。

残酷的玩赏爱好

人类有奇怪的审美趣味，饲养的宠物越奇形怪状越名贵，培育品种时，人们刻意选留长得畸形的个体繁育后代，为了增加发生畸形的概率，我们故意采用近亲交配或用射线刺激胚胎那样违背自然规律的做法，长此以往，金鱼的尾巴越来越大，猫狗身上的毛越来越长，因为嫌吃鸡时拔（羽）毛麻烦，我们甚至培养出没有羽毛的鸡……好像它们是可以被我们随意捏来搓去的泥塑，而不是具有生命的动物，把那样的动物（如果还能称之为动物的话）放到自然界去，绝难很好地存活。

我们还喜欢观赏动物的争斗厮杀，斗蟋蟀、斗鹌鹑、斗鸡、斗牛都是民众热衷的娱乐项目，胜负的不可预见性增强了观赏性，好赌的人还会将这样的动物竞技作为赌博的形式。为了使动物争斗场面更刺激，我们会给斗鸡那样的动物武装一番，在它们的嘴、足和翅上装上金属的刀刺，那样就使争斗升级为屠杀，本来没有杀伤力的鸡也成为“杀手”。将娱乐变成了屠杀，我们的欣赏趣味不可谓不血腥。

在众目睽睽之下将动物杀死也是我们喜欢的场面。西式的斗牛有很悠久的历史，衣着华丽的斗牛士先是将斗牛尽情挑逗戏弄，然后用长剑那样的传统兵器把牛刺得血流满地，程序上要求不能一下子致牛于死地，要等到观众喜欢血腥的畸形审美情绪得到满足之后，才能把饱受折磨的牛杀死。我们中国人也有自己喜欢血腥的方式，近年来，国内各地的野生动物园不断建成开业，为了招徕游客，经营者把猛兽捕活食当作卖点，甚至可以由游客花钱买活鸡，然后投喂给猛兽，欣赏猎物被活活杀死的“刺激而有趣的场面”。这样的做法一度被作为经验，在各地野生动物园推广，直到有外国游客提出抗议后才有所收敛。我们也会用“私刑”来取乐，在捉到老鼠那样的“害兽”后，会想出各种绝招来处决它，譬如说浇上油以后点火，还有人介绍可以在活老鼠的屁眼里塞进黄豆，黄豆膨胀后会使它无法排泄，直至被活活憋死，据说把动过这种“手术”的老鼠放掉，它会因为难受而发狂，乱咬自己的同类，还能起到灭鼠的作用。看到这样的例子，令你不得不佩服我们发明酷刑的创造力。

虽然我们对待动物的方式不至于需要上升到道德的高度来考量，但那样的方式表明了我们看待事物的态度，我们乐意于用残忍的方式欣赏动物被折磨，至少反映我们的心态不是足够的健康。虽然我们的目标对象是“低级、粗敝、丑陋”的动物，但是面对或许是愚蠢无知的弱势动物，剥夺其生命已经足矣，我们至于那么残忍吗？

第四节　研究与利用

动物对于人类的贡献早已超出了食物和穿着的范畴，现代人在很多方面都享受着动物给我们带来的福利：许多模仿动物结构、功能的仿生学成果使我们的生活更有质量，汽车、房屋、飞机等都有来自动物给我们的发明灵感；我们研制的药物首先会让动物试用，对不合理的成分进行改进，最大限度地避免了由于新药物的不完善而对我们产生副作用的风险；有些有危险的工程设计，往往先由动物检验设计的安全性，在不完善的设计中，实验动物经常要付出生命的代价。

无私的替身

实验动物的利用在医药行业和工程业中已经相当普遍，由它们承担了许多人类替身的工作，一些在道德伦理上令我们为难的实验因为有了动物的参与，而变得不那么敏感了。

学医和学生物的人对于解剖动物并不陌生，在工作中经常需要解剖动物的人士大多对那些为人类的健康和科学研究活动中牺牲生命的动物怀有敬意，很多科研机构还专门为实验动物竖立纪念碑，以肯定它们做出的贡献。行业以外的人有时很难理解老鼠、兔子和猴为何会令科学家产生敬意，但是如果你留意一下人类战争史，读到关于平民和战俘被用来进行医学活体实验那样震撼心灵的情节时，你就能够理解动物们替我们背负了那样沉重的伦理负担，实在是功不可没。

啮齿类动物因为饲养繁殖容易而被确定为试药的理想标靶，我们不断喂给它们功效尚不确定的新药，反复观察它们在不同剂量药物作用下的反应，总是要经过无数次的失败和调整，对人安全的药物才能进入临床试验阶段。在那样的过程中，会有无数的实验动物失去生命，包括直接被药物毒死，或服药后被解剖以观察使用药物后内脏器官是否发生变化等。为了验证药物的疗效，实验动物首先要被诱导产生各种疾病，然后再进行药物实验，以便确定疗效如何。由于刻意地培养选育，有些实验动物有高得出奇的患上某些疾病的概率，譬如有些品系的小鼠患肿瘤的概率远大过50%。这样的做法虽然引起有些动物保护机构的异议，但是目前还确实没有比利用动物承担风险更好的做法。

科学家也审慎地评估过用动物进行试验的合理性和可靠性。有的专家怀疑，由于动物跟人存在的实际差距，我们通过动物实验得出的结论未必适合人的情况，有些动物实验因此可能是多余和不准确的，譬如说实验处理、抓取固定和隔离的应激反应会改变动物体内的生理状态，由此而得出的实验结果外推到平静用药的病人身上也将具有不可靠性。如果真是那样的话，我们可以免去很多不必要的实验活动，而应探讨采用新的实验途径和方法。有些动物被称与人类在生理机能上存在的差异仅有百分之几，似乎用动物进行实验得出的结论应该接近于我们在临床上的运用效果，但是实际情况要复杂得多，有的资料称老鼠、猪和猴子的身体细胞与人体细胞的相同处都高达90%以上，所以可以用那样的动物进行可靠的药理试验，甚至有借用器官的可能性。实际的情况如何呢？有确切证据表明，常用作实验动物的大鼠和小鼠体内合成维生素C的量为人类推荐的每日允许摄人量的近100倍！对大鼠、家兔、犬和猕猴毒性极小的抗抑郁药Nomifensine，在人类临床中却会发生严重肝脏中毒和贫血，这迫使药品制造商在（1985年）上市后几个月就撤销了该产品。20世纪60年代，科学家根据许多动物实验的结果推断，吸入烟草烟雾不会引起肺癌，于是西方的烟草商拒绝在产品上标示“吸烟有害健康”的字样，后来还是通过对人类的群体研究才纠正了原来的结论，证实吸烟与肺癌的发生呈正相关，而在这之前，有许多人被误导而付出了很大的代价。之所以要举这样的例子，只是想阐明这样的观点：假如我们以往由于不当的研究方法，使我们过高估计了动物实验的效果，证明动物实验不再能成为我们的安全替身时，为了动物福利和人类自身的利益，我们应该尽快找到新的方法。

1975年，澳大利亚哲学家彼得的《动物解放》一书出版，使动物保护的呼声高涨，越来越多的人开始重新审视动物的福利，用动物作为实验对象也引起更多争议，于是学术界提出了“3Rs”的概念，即替代（Replace）、减少（Reduction）和优化（Refinement），逐渐减少对动物实验的依赖。

随着人体遗传工程学的不断进展，人体细胞的信息代码所代表的含义被逐渐揭示，我们或许会在不远的将来以遗传学、分子生物学的研究成果部分地取代基础的动物测试方法，但是从经济和安全的角度考虑，在医疗新技术、新药物研究领域中要实现让实验动物完全退休的目标依然遥遥无期。

动物入药

传统中医中有许多以野生动物作为原材料的药物，其中不乏珍稀和受保护的物种，由此而突显出的人们的健康福利和动物资源保护之间的矛盾，使我们保护野生动物的工作变得更复杂。

20世纪，由于对以野生动物为原材料的珍稀药材的大量需求，使我们把一些动物逼到了濒危的边缘，老虎、麝、野生梅花鹿、穿山甲、赛加羚羊、熊和一些猛禽的濒危，不同程度都可以归因于人们求药的行为。直到20世纪80年代，国内出版的关于中药的图书中，老虎、大象、金雕那样的一级保护动物还被列在其中，以后的类似专著中虽然小心删去了一些较有影响力的国家一级保护动物，但名单上依然有熊、金钱豹、麝、猫头鹰、天鹅那样的国家一、二级保护动物在内。说实话，我们很难在排除保护动物后仍然保持中药药典的系统完整，因为中药中涉及的野生动物种类实在是太多了。

治病救人是值得重视的大事，就像我们的科学研究需要动物做出牺牲一样，假如动物所具有的药理作用无法用其他药替代的话，那么对于药用动物资源的利用势将难以避免。由于药材的需求量巨大，对野生动物资源的消耗也将是惊人的，事实上，在过去100年中，在国内灭绝的一些动物就是因为被认为具有药物作用而被我们“利用”殆尽的。笃信中药效果的庞大华人群体遍布全球各地，他们对动物药材的需求甚至给异国异域的野生动物资源造成压力，为此国际动物保护机构和医药机构专门对中医药中的有些动物药物的作用进行研究，希望从中找出解决问题的办法。

实事求是地说，我们的传统文化中不乏迷信和缺乏科学依据的东西，中医药概不例外，我们要更好地继承和弘扬祖宗的精粹，就必须对传统进行整理，剔除形而上学的东西，保留符合科学的精华。浏览一下动物中药，不难发现这样几个特点：

——单纯作为全药用的动物很少，大多数动物药只是作为配伍，或只是用作所谓的“药引”，其在整个药方中所起的实际作用很难评估；

——越是珍稀的动物，全身可利用的部分就越多，譬如虎，医书上称其胡须和屎尿都可入药；

——有些药物的选用遵循“吃什么补什么”的原则，譬如吃雄性动物的生殖器起壮阳作用，动物骨骼则多用于治疗关节炎和风湿病等；

——将动物的生活能力跟药效相联系，譬如蝙蝠粪便（夜明砂）治夜盲，用鸬鹚骨灰治鱼骨哽喉；

——用作滋补的动物药占很大比例，古人相信光吃某些动物的肉就能起强身、祛病的作用；

——动物药中，治疗慢性病、常见病的居多，需连续服用的居多。

西方人对我们能将犀牛角和动物生殖器那样的东西当作药物感到很不理解，他们认为犀牛角不过是皮肤的角质衍生物，动物生殖器跟身体其他部位的肉没有本质区别，于是怀疑我们的中医是不是带有古代文明中常见的“巫术”的精神治疗元素，而缺乏科学的依据。

我们既要合理利用野生动物资源，用其造福人类，又该保护需要保护的野生动物，维持自然资源的可持续利用状态。对于动物入药的问题，我们用单纯的禁堵，或是单纯的放纵都不是解决问题的根本办法，我们应该做的是，尽快搞清动物药的药理作用，对于确实不起作用的药要及时将其从药典中删除，避免无谓地破坏自然资源；对于确有药效的种类，一方面要研究有无更节约资源的替代材料，另一方面应加强该物种的人工饲养和驯化工作，争取用人工资源作为天然资源的补偿，就如我们对梅花鹿所做的那样。

如果能够合理地解决野生动物药用和保护的矛盾，将极大地提高我们保护野生动物工作的成效，因为即使是有些野生动物爱好者，在遇到自身疾病这样的实际问题时，譬如说得知某种动物能够治愈他的痼疾，他就很难做出客观的抉择，人的利益毕竟应该摆在首要的位置，这才是符合常理的。

第五章 动物的保护

第一节　选择的理由

问个很没有水准的问题：假如有两种动物，一头很大的肥猪和一条很有潜质的猎狗，而你只能选择其中之一，你会做何种选择？

相信不会有一致的答案。选择猪的，立马可以得到大量好肉，鲜吃，腌起来慢慢吃，或者卖了它换钱，马上可以得到眼前看得见的实惠；选择狗的，开始时不会给你带来什么，宰了吃肉，它不如猪那样丰腴，留着它，还要你喂它吃的，费心去训练它，但是以后它可以帮你捉野兔，你就会不断地有兔肉吃，获得的利益或许会超过当初选择肥猪的人。

经过这么一番解释，依然会有人选狗，有人选猪，选猪的理由是，实惠是眼前就能看得见的；选了狗，万一捉不到野兔不是亏了吗？选狗的理由是，有了会打猎的狗，以后就可以一直有肉吃了。

如果我进一步解释，选猪就意味把现有的资源先用了再说，选狗就表示有计划地安排资源利用，保证资源能被长期利用，有人还是会做出不同的选择。赞同把资源先用了再说的人也许会这样想，我现在享受到的好处是实在的，谁知道今后的资源会不会轮到我享用呢？选择后者的人会觉得把资源计划着慢慢用，今后挨饿的风险会更少，或许更有利。

大家可以从上面的例子中体会到这样一个道理，每个人的价值观和世界观都不是完全相同的，我们要阐述一个道理时，不要指望总会得到统一的认识，尽管有时候你觉得自己非常有理。

我们在宣传保护环境，保护野生动物时，遇到的结果也可能是如此，但不要因为别人有不同的观点而用大道理指责对方，如果只是根据自己的想法去试图说服别人，却没有收到预期的效果，你首先应该重新审视一下自己的观点是否有不够完善的地方，如果有，那就该设法完善它；接着你应该试着多收集些例子来证实你观点的正确；第三，你可以站在对方的立场上考虑他的利益是不是受到影响，因为没有人愿意让自身的利益受到伤害；你最好努力争取有更多的人支持你的观点，形成一种可以影响别人同意你观点的氛围；还有，也是最重要的一点，那就是，你的观点必须禁得起别人的质疑和科学的论证，必须对大家都有利，而不是只对一部分人有利，否则，你不可能得到广泛的支持。

假如对开始的问题作这样的分析解释："如果你选择了猪，你的孩子可能吃不到那些肉；而假如你选择狗，那么你的孩子也能吃到新鲜的兔肉。根据我的调查，只要训练得法，绝大多数的狗都能捕到野兔。即使你或你的孩子不喜欢兔肉，狗还能给你带来精神上的快乐，有那么好的事，你不想试一试吗？我还可以让我的朋友证明我说的话，他们当初选择了狗，现在依然经常能吃到新鲜的兔肉……"

这样一来，相信选择"狗"的人会比原来多得多。

第二节　苍白的口头"保护"

我国的《野生动物保护法》自1988年颁布实施以来，至今已有将近20年，但是国内大多数民众对野生动物保护法的理解，也只是停留在口号、标语所表达意思的层面上。大家都知道"野生动物是人类的朋友"，"乱捕滥杀野生动物是违法的行为"，但对于为什么要保护野生动物，却很少有人能讲出子丑寅卯来。

《野生动物保护法》附录中的受保护野生动物包括昆虫、鱼类、鸟类和兽类等多个动物门类，要广泛了解那么多种类的野生动物知识是不容易的，即使是大专院校的教学工作者，大多也只是侧重熟悉研究某一类野生动物，所以国外从事野生动物宣传和保护工作的人员一般要经过专门的培训，或者从动物爱好者中选拔，一个基本条件是需要掌握比较广博的动物知识，还要注重是否具有野外工作的经验。

如果需要用道理说服别人的人本身对将要叙述的东西一知半解，你就很难要求他能够把道理说透，让别人信服。因为相关人员的“缺课”，他们只好像念经那样把纸上的道理念给大家听，别指望他能把道理说深、说透，充其量也只能是“传达”，我们在接受这样的关于野生动物保护的宣传时，听到的理由难免就空洞而抽象。大家只要说“这事跟我没关系，我本来就不爱吃野味。”“地球上没有麻雀，我们不是照样奔小康吗？”或者“你跟我们说说，狼那样的坏蛋也要保护，谁保护我们的利益？”这样的话，就足以把许多宣传员噎住，如果碰上比较专业的“刁民”，甚至能利用你对专业知识的缺乏来蒙你，譬如“我卖的蛇都是自己繁殖的，这总不犯法吧？”或者“我根本没有经营销售野生鸟类，不信你看，只是些人工养殖的画眉和麻雀而已。”

我们不妨举几个我们在宣传野生动物保护中典型的口号来分析一下。

[例1]“（因为）野生动物是人类的朋友，（所以）我们要保护它们。”

【分析】我们对“朋友”的定义是指那些我们熟悉、了解的人，可以互相沟通和帮助的人。朋友之间在相处时，彼此的地位应该是平等的。

实际情况是，我们并没有在情感上把野生动物当成朋友，因为许多人对野生动物还相当陌生，更谈不上在了解的基础上的平等尊重，“朋友”只是我们套近乎的一种称谓，这句口号的潜台词是：动物是弱者，我们应该避免去欺负它们。如果不能对野生动物有足够的了解，想与它们交朋友永远只能是一句空泛的口号。假如我们在内心把野生动物作为需要我们庇护的可怜虫，那么它们的实际境遇就不会有根本的改变。

[例2]“（因为）啄木鸟一年能吃掉多少害虫，（所以）应该得到保护。”

【分析】这样简单的数字堆砌对我们的生活没有实际的指导意义。好比说每天省下一分钱，多少年后就可以攒下多少钱，够买一件什么样的东西。实际上，省钱本来是个相对的概念，我们可以说，“我在某件事上省了多少钱”，但在没有具体实施对象的情况下却不能说省了多少钱。啄木鸟一年内能吃多少害虫是极难统计的，有人也许统计过某地的某只啄木鸟一天内吃了多少虫，然后将数字乘以365，就成为一年所吃的害虫数。那样的数字显然是不准确的。

实际情况是，各地、各种啄木鸟生活的环境不尽相同，有些是远离人类生活环境的，对人类生活的实际影响并不大，而且它们是随机猎食者，它们在消灭有害昆虫的同时，也吃有益昆虫，它们给我们带来的好处要根据不同的情况加以评估，譬如说某地的有害昆虫密度较高，啄木鸟所起的作用就是积极的，如果它们出现在人们饲养经济昆虫的地方，就未必是受欢迎的，假如把蚕、蜜蜂、蜻蜓和螳螂放到啄木鸟面前，它们也照吃不误。我们勉强地把我们觉得它们有益的地方加以放大，啄木鸟在自然生态中的作用被我们简单化了，而且我们举出的有益证据缺乏说服力，那样的口号难以引起我们的共鸣。

[例3]“（因为）猫头鹰一年能吃老鼠×××只，相当于夺回粮食×××公斤，（所以）我们应该大力保护它们。”

【分析】这个例子显然也存在想当然的统计数字和十分勉强的逻辑推理。同前一个例子一样，猫头鹰每天能得到多少食物，一年实际能得到多少食物，其中有多少老鼠，并且有多少是吃农作物的老鼠，是无法精确统计的，数字缺乏说服力；即使猫头鹰完全是以农田的害鼠为食，并且可以统计出它在一年内吃掉多少老鼠，我们也难以得出节省多少粮食的实际结论，因为老鼠的存在不是粮食损失的全部原因，或许还有气候和昆虫作用的因素在内。

实际的情况是，猫头鹰喜欢在夜间捕食，而老鼠正好也是在夜间活动的，两者之间构成自然的食物链。但是猫头鹰吃所有能捕捉到的小动物，或许还包括一些被保护的物种，它们在狭义上的益害很难评估，特别是当我们采取其他手段控制了鼠害的时候，猫头鹰的天敌作用就更不明显。另外，我们声称的保护内容也很抽象，我们该怎样去保护它们？绝大多数人不可能见到自然状态下的猫头鹰，何谈保护？假如我们概念上的保护就是不捕杀它们，倒还不如说“别吃猫头鹰，它们会像猫那样捉老鼠”来得更直接，没必要用不着边际的数字来说话。还有我们无法回避的事实，人们普遍对猫头鹰缺乏客观的评价。所以最好不要用许多人不喜欢的动物来举例，那将会令我们在进行宣传工作中面临更大的困难，要阐明被保护对象的好处，首先要改变人们在传统上对它们的看法，难免要涉及民俗那样复杂的文化问题，问题如果被复杂化，解决起来就更难了。

……

类似的例子很多，但能让老百姓感到很亲切，很实际，愿意积极响应的例子很少，因此作为一项全民工程，我国野生动物保护的宣传工作起到的实际效果是有限的，部分效果来自人们害怕受到法律制裁而不敢违法，积极参与响应保护行动者并不踊跃，局面十分被动。由于种种原因，我无法成为积极的行动者，但并不妨碍我成为一个理性的思考者，我觉得目前国内关于野生动物保护的宣传和教育存在这样一些问题：

——大众对于野生动物缺乏客观真实的了解，给民众对相关政策的理解和实际参与带来困难；

——专业人员缺乏必要的专业知识，无法很好落实有效措施和指导民众；

——宣传口号缺乏可信的说服力，凭借的依据常有不符合实际的空泛现象；

——抓不住问题的重点，将野生动物的作用做片面的诠释，令大家觉得与己无关；

——没有从人性和道德的层面上强调保护野生动物的作用，仅用法律手段限制了违法的行为，而没有注重培养人们的自觉意识；

——未能有效地将民众的实际利益与保护野生动物联系起来，使大家参与保护的积极性不高；

——缺乏必要的政府重视和资金投入，也是造成宣传工作被迫流于表面形式的原因之一。

第三节　科学放生

我们经常可以读到某单位以大量放生野生动物作为一种保护动物的业绩或者是执法人员将收缴的野生动物在野外进行当场放生的报道。

乍看起来，放生与杀生是一对矛盾，放生的行为是一种让动物回归自然的善举，特别具有教育大众的社会效益，但是如果没有进行恰当的操作，就起不到应有的生态效益，有时还会带来消极的后果。在此我想给“放生”泼一点冷水，绝没有别出心裁、哗众取宠的意思，因为其中一些现象存在着隐忧，有可能让我们良好的初衷变成我们不希望看到的不良结果。

要取得良好生态效应的放生是相当讲究专业知识的学问。放生应考虑种类、数量和时机，还要兼顾环境的承载能力以及对当地生态的影响等多方面的综合因素。

将动物放回原来的栖息地是最合理的做法，重获自由的动物对食物、天敌、环境条件和气候的熟悉程度直接关系到它们能否存活和繁衍。假如把从南方抓到的蛇类在北方释放，那么这些动物会在冬天因为食物和温度的问题而冻饿致死；把从农田抓来的青蛙放到运河中，它们会被河中的污染物毒死，或因找不到食物而饿死；水鸟如果被放生到内陆荒漠地区，它们会由于找不到熟悉的食物而挨饿，或者被当地的陌生天敌所消灭……在决定将动物放生前，先要了解该种动物的基本生活习性，然后考察放生地的自然环境是否适合它们的生存，随地、随意地将动物放生可能会导致它们全军覆没，等于变相杀死它们。

合理的放生密度是不可忽视的因素。假如某个地区的食物只能养活20只猫头鹰，而你把收缴来的100只猫头鹰都放在这个地区，那么最终这些猫头鹰都将面临被饿死的危险，甚至连原来自然生活在那个地区的猫头鹰都要遭殃。这样的例子很容易理解：你在小小的鱼缸里养2条鱼，它们会生活得很好，但是如果同样的鱼缸里养了20条鱼，它们都将会死去。

将不是本地产的动物随意放到野外，可能会使这些新的动物侵占当地动物的资源，甚至破坏当地原有的生态环境秩序，在环境科学中，称之为“有害物种入侵”，值得注意的是，最初这些动物（或者植物）是被当作有益生物引进到异地的，但是由于它们在新家没有天敌，以至于到后来数量泛滥成灾，侵占了当地物种的资源，甚至造成当地物种的灭亡。例如有一种被称为“清道夫”的甲鲇鱼类当初是被当作观赏鱼饲养的，后来流落到野外，并成功适应了我国南方的一些水域的新环境，并大量繁衍，使得闽江和珠江流域的许多当地产的鱼类绝迹。

有些长期（或从小）被人豢养的动物已经部分失去野外生存能力，无法很好完成觅食和防御等必要的求生行为，将那样的动物放到野外，能够生存的概率是很小的。即使是像老虎那样的强者，或者是野马那样对恶劣环境耐受能力很强的食草动物，如果在野放前不进行相当长时间的适应性锻炼，都有可能造成放归自然计划的失败。

不恰当的放生行为对野生资源造成的损失有时不亚于直接的破坏，这其中既有我们无意中给被放生动物带来的直接伤害，也有放生后给当地原有生态造成的破坏，如果放生的执行者把放生形式化和表面化，片面追求规模和影响，还可能造成客观上刺激他人捕捉野生动物，再卖给放生者进行仪式化放生的不良循环。

让野生动物回归自然是一项保护自然生态的意义重大的系统工程，但是在实施过程中需要做大量的专业准备，从力求实效的角度来看，“野放”应该慎重，不能作为形象工程来做。前不久曾有报道把国内的华南虎送到南非进行野化训练的事件，我本人认为那样的做法是弊多利少，华南虎的原产地与南非在地理环境和气候条件上有极大的差异，在那儿生活的动物类型和活动方式也与我国的动物有区别，我不怀疑那样的做法可以恢复华南虎的野性，甚至可能在南非适应那儿的野生生活，但是要把在南非训练的华南虎放到国内的野外环境中去，依然难以解决捕食方式、对象和生活环境不同而带来的问题。我的推断是否有理，大家不妨拭目以待。

第四节　落实保护措施的保障

公民需要用良好的道德规范来约束自身的行为，在野生动物保护事业中，这样的道德规范更有积极的意义。野生动物是国家的公共资源，而不是个人或某一级地方政府的财源，因此对于那些利用野生动物资源为个人或局部谋利的行为应被视为是偷窃，抢劫公共财物，而不只是认为那是对法规的理解性失误。唯有这样的意识增强了，大家的公德和公益观念才能提高，《野生动物保护法》才能像消费者权益法那样被广大群众了解和熟悉，并用实际行动去维护和运用它。

如果缺乏遵守法令的自觉性，那么即使再详尽的条款也难以杜绝各种“打擦边球”、“钻空子”的漏洞，在野生动物保护的问题上亦是如此。

鉴于基层的“野保”相关人员在专业素质上的参差不齐，《野生动物保护法》在贯彻实施中必然会遇到各种困难，其中最大的困难莫过于把握合适的执法力度，以及协调各级相关部门的具体工作，于是各地又在“大法”的基础上制订了“地方性法规”，特别是将野生动物受保护的范围进一步扩大，有些在国家级保护动物名录中未曾列出的动物，都被列入地方级保护动物的名单，从而使绝大多数国内的宏观动物（鸟兽爬虫）都上了榜，于是只要是涉及野生动物的，都可以进行管理，实质上将野生动物区分等级进行管理的做法在很大程度上已经被“眉毛胡子一把抓”的做法取代，这样一来，地方机构在执法上的难度减少了，工作也简单了，从业人员甚至不必仔细辨别动物的保护级别，只要是野生动物，就可以采取收费（野生动物资源管理费）或处罚那样的行政管理手段了。

随着野生动物在地方受保护范围的扩大，同时也意味着地方法律比国家法律更加严苛，老百姓可以合理利用的资源受到更多的限制，野生动物在相当意义上已经成为不能利用的摆设，背离了自然资源造福人类的基本宗旨，由原先的滥捕乱猎的一个极端，走向“只能看，不能动，谁动谁犯法”的另一个极端。把有序利用、合理利用的“相对保护”，变成了到处设置高压线的“绝对保护”。以至于出现常规野生动物伤人，破坏农作物而不加控制，而经营者在缴纳了一定费用后，珍稀野生动物却被过度利用的怪现象。

《野生动物保护法》的执行和落实需要有相当的野生动物专业知识的保证，确保国家政策法令的正确执行是公务员的职责所在，熟悉业务是最起码的要求。《野生动物保护法》中并没有回避“利用”的内容，基层工作人员的职责是把握好正确的尺度，确保国家和个人利益都得到保护，资源得到合理利用，假如广大民众在《野生动物保护法》中看到的只有义务而没有权利，那么就很难确保野生动物保护事业得到大家由衷的支持和配合。

第六章 共存的思考

第一节 地球还有诺亚方舟吗

在西方有这样的神话传说：在远古时代的大洪水来袭时，有艘巨大的船庇护了地球上的人和动植物，使得我们如今的环境中依然有鸟语花香，至今有的西方考古学家依然执着地试图找到传说中的那艘巨船——诺亚方舟。

当下一次全球性的大灾难降临的时候，我们还会像传说中的那么幸运，有诺亚方舟来拯救我们吗？我不相信有哪一艘物质形式的船可以包容世间的万物，但我始终坚信“诺亚方舟”的存在，它其实应该是我们的心灵之舟，只要我们人类的胸怀足够广大，加上科技和行动的力量，就足以能够庇护包括我们自身在内的世间万物，如今的问题是，我们的这艘心灵之舟还没有宽阔到应有的程度，我们还在把许多动植物从我们的船上赶下去。胸怀的狭窄就意味着心灵之舟的狭窄，真担心那样的船最终连我们自身都无法容下。

动物多少才合适

假如可以把地球上现存的所有动物都列在一张单子上，让你选择哪些物种可以消失，你会不会像在菜单上选择自己喜欢的菜那样划掉你讨厌的种类呢？相信我们中的很多人都会那样做，首先被划掉的多半会是老鼠、蚊子那样我们讨厌至极而又无可奈何的动物，澳洲人会划掉野兔，非洲人会划掉萃萃蝇，全球的许多小女孩还会划掉毛毛虫，家庭主妇会划掉蟑螂，建筑师会划掉白蚁，牧民会划掉狼，潜水者会划掉大白鲨……假如把经过众人选择的名单再审视一遍，你肯定会见到满目疮痍的结果。

这跟地球如今的现状差不多，不同的是，有些我们讨厌的种类还会留在名单上，被我们忽视的种类会消失，有些我们未能发现的种类可能永远也不可能被发现了。《灭绝动物的挽歌》作者郭耕先生把地球上的物种比喻为一张张多米诺骨牌，恐鸟、渡渡鸟、大海雀在我们面前倒下了，接着还会有老虎、犀牛、大象，我们也是其中的一张牌，随着我们前面的骨牌渐次倒下，如不及时制止这种趋势的话，我们最终也会倒下。

我宁肯把地球上的物种比作是房子上的一块块砖，而我们是房子里的房客，假如东抽一块，西少一块砖，不等抽到最后一块，房子就会塌。我们不会是最后的那块砖，因为人的适应能力甚至还不如我们厌恶的老鼠，老鼠能在核污染的环境中生存，我们却不能；老鼠能在满是毒药的环境中生存，我们也不能；我们原以为我们擅长的是理性和智慧，殊不知我们却经常做不计后果的蠢事，连环境与我们息息相关这样的简单道理都不懂。

我们实际上根本就无法知道哪些动物对我们是绝对有用，哪些是绝对无用的，譬如说我们讨厌老鼠，但是没有了老鼠，那些吃老鼠的动物就会挨饿，接着更大的动物也会因为吃不到吃老鼠的动物而闹饥荒，自然界的食物链就会断裂，引起食物匮乏的连锁反应；没有了老鼠，猫头鹰也就不成为益鸟，我们对益害的判断标准就更模糊；没有了老鼠，或许有更难对付的其他物种取代老鼠继续跟人类作对；更糟糕的是，或许在老鼠被我们杀光的若干年后，我们从一份以前遗漏的灭鼠报告中发现老鼠体内有一种物质可以治疗我们尚无法治愈的顽疾，可是到哪里去找老鼠呀……

自然界的任何物种，之所以能存活到现在，必定有它存在的合理性，人类在地球上的资历还比不上蜻蜓和蟑螂，我们对世界的认识尚十分有限，还没有当裁判的资格。如果说我们现在有幸坐了首席，可以有所作为的话，我们可以先控制我们不喜欢的那些动物的数量，至于它们该不该被消灭，最好等我们的子孙对世界有了更多的了解后，再由他们来决定吧！动物一旦灭绝，就无法再生，我们不该过早地下结论。

希望地球上的动物种类越多越好，那是我们留给子孙后代的财富呀！

旅鸠的启示

有些种类的野生动物有集群生活的习性，出于迁徙和繁殖的目的，它们会季节性地在局部地区聚集至很大的密度，那样的策略可以抵御除人以外的其他食肉动物的攻击，但却更容易招致人对它们猎杀的欲望。我们常将动物的大量季节性聚集现象误解为它们在自然界的实际数量很多，完全可以放手利用。

19世纪初以前，北美曾经生活着一种具有迁徙习性的野鸽——旅鸠，当它们集体迁徙时，数量可数以亿计，所到之处，鸟的翅膀遮蔽天空，栖息的树枝因为不堪重负而折断。就是这样的一个庞大的候鸟家族，从人们开始注意到它们，到世上最后一只旅鸠在动物园中孤独地死去，前后不过百年。如今反思起来，它们在这么短的时间内被灭绝，皆缘于我们不恰当的利用手段：在旅鸠迁徙途经的城镇，人们会放下手中的活，拿起各种武器（包括可以扔向天空的棍棒）加入争杀候鸟的行列，因为没有节制的过度利用，捕杀的数量超过了它们自然增殖的数量，它们的灭绝也成为必然趋势了。

由此给我们一个启示，不管野生动物的数量如何可观，它们对于人类的防御都是脆弱的，自然竞争的法则中遗憾地没有如何对付人类的内容，一旦我们对动物资源的利用超过了它们的承受限度，不管阵营看起来有多么强大，都会被我们击垮。造物主让我们具有这种在自然界所向披靡的力量，或许是给人类出了一道长效的道德考题，检验我们是否有道德能量掌控这种所向披靡的破坏能力，假如我们不具有那样的控制能力，这样的破坏力同样会毁了看似强大的人类自己。

种群的庞大不等于生存力量的庞大，旅鸠的消失已经向我们证明了这一点，青藏高原上的藏羚羊差一点又成为雷同的例子。季节性聚集的大群给我们一种“人多势众”的错觉，其实将它们的绝对数量与所生活的广袤区域放在一起衡量，其平均数量就非常有限了。它们的聚集就像我们举行仪式的集会，如果没有人的干预，那将是一道恢弘的自然景色，遗憾的是，我们将这种特殊的动物求生方式看成是方便我们捕杀的绝好机会，在造物主给人类出的这一份道德考卷中，我们以贪婪和缺乏自控的不佳表现，输掉了考试。

我们还有补考的机会。我们的力量同样可以修补我们的过失，我们欣喜地看到高原上的藏羚羊数量在缓慢地恢复，朱鹮在中原大地上的数量也已经恢复到可以容我们喘口气的程度，野生动物在我国各地的境遇都有了不同程度的改善，虽然需要我们保护和弥补的方面还很多，我们毕竟已经在着手做了，这是个令人欣慰的好兆头。

环境透支

我们对环境的破坏是造成野生动物迅速减少的最主要原因。我们枪杀了一只鸟，它的同类尚可以通过繁殖的途径加以补充，而如果我们端了它们的窝，使它们断子绝孙，那么它们就难以为继了。对于鸟来说，虫子和种子是它们的资源，用来营巢的树和用来隐蔽自己的森林草原同样也是它们赖以生存的必需资源，而我们以往只狭隘地将食物当作动物生存的唯一必需资源，而忽略了环境对于它们的更重要的作用。人类可以在相当程度上改变自然，营造更适合自己生存的环境，但是野生动物没有那样的力量，它们只能被动选择适合自己的环境，当环境发生变化时，它们无力改变那样的状况，如果无法逃避到周边类似的环境中去，就唯有努力适应新的环境，无法及时适应新环境的，就唯有灭亡。

人的生存当然需要消耗地球资源，如今还有亿万的人要为自己的生存而奋斗，即使是野生动物保护措施十分严格的国度，也从不会以牺牲人的基本权益作为代价，如果撇开我们的基本生存权，去奢谈保护野生动物，是很不现实的，于是像我们这样的发展中国家，最容易产生“先养活人，再考虑保护环境”的想法。我们以此为借口，仿佛就可以不考虑方式、不计后果地利用身边的一切资源。

但是在“养活人”的大主题下，我们可以做不同的文章，譬如说选择比较合理的方式利用自然资源，尽量做到人与自然达到一种和谐平衡的状态，实践证明这一点是可以做到的。人类的生存跟动物的生存间不存在无法调和的矛盾。我们常说的发展经济与保护生态的矛盾，如果细分起来，应该是经济增长方式和自然资源的保护和利用方式上的矛盾，既然只是方式上的矛盾，那么就可以通过改变观念、改进方式来解决。

我们以往对自然资源的开发都很少考虑到要付出成本，野外的树砍来就可以加工成木材，污水排向野外不需要经过处理，因为我们利用资源的速度大大超过了自然恢复能力的极限（几百年长成的大树在几分钟内就能被我们砍伐利用），这种近似于有借而无还的透支式生活方式破坏了生态自行恢复的平衡机制，必然导致地球上的资源总量不断减少，进而出现我们不得不从野生动物那儿争夺自然资源的状况。

现在我们已经从我们当初的透支行为中尝到了苦果。被污染的环境不仅会毒害动物，同样也会毒害人类自己；消失的森林不仅使动物失去了家园，由此造成的气候变化带来的飓风洪水，也使很多人失去了家园。大自然在提醒我们，到了该还债的时候了。

我们在辛苦地加倍偿还以前欠下的生态债之际，应该好好地想一想，今后该如何使用地球这个生态大银行中的财富，至少不能像以前那样，以为可以毫无代价地一味索取自然资源，至少也应该付一点“利息”——砍伐大树后补种一些树苗，捕捞鱼类时放掉太小的鱼，给鸟兽留一片藏身的树荫，给我们自己今后的生存留一些“口粮”。

尽管以往那种不付利息的消费方式使我们付出的代价远远超过利息，然而直到如今，仍然有人在采用透支和预支的方式消耗甚至浪费有限的资源，而想把偿还的责任推给整个人类及我们的子孙后代，那样的开发经济实质与掠夺无异，为了大家的共同利益，别再让那些自私的人肆意妄为了!

第二节　距离与平衡

人与人交往总是有一个潜在而被双方默认的安全距离，距离的远近依彼此的亲密和信任程度而定，譬如情侣和朋友之间的距离肯定要比陌生人之间的距离近。人与动物之间也存在类似的“交往距离”，并且也受到信任程度的影响。

在我国，天鹅与人的安全距离大概不会近于200～300米，如果我们还试图靠近的话，那些洁白的大鸟就会不安地飞走；在欧洲的许多地方，天鹅与人的安全距离几乎为零，它们甚至敢于从孩子的手中抢夺甜美的小吃，足以令我们难堪的是，这些天鹅还可能是来自同一个群体。

我没有心情夸赞天鹅们如何聪明，懂得因人而异地保护自己，我极其难过的是我们竟然被它们看扁，被动物看不起的滋味足以让我这一辈子耿耿于怀。你知道是什么让天鹅在不同的地方产生截然不同的行为吗？是我们对待它们截然不同的行为。去过欧美的朋友们大多有这样的体会，在很多时候，很难分清身边的动物是野生还是家养的，松鼠会跳上窗台，野鸭敢穿越闹市，白天散步的狐狸会让你误以为是哪家养的苗条的狗。相比之下，国人对待野生动物的态度不太友好，以至于动物们在不同行为的刺激下形成了条件反射，即便我向来喜欢天鹅，但是到黄河口去看它们时，不得不带上有一定放大倍数的望远镜。我们一向以文明古国自居，也一直把“动物是朋友”挂在嘴边，但恰恰是我们的那些“朋友”们对我们的文明和好客有它们自己的理解，春来冬去的它们见多识广，用它们的标准来判断不同地域“文明”的内容和安全距离的长度。

尽管有些勉强，昆明的红嘴鸥还是多少给我们挽回了一点面子，但是与前面提到的欧洲的人们比起来，我们似乎少了那种恬淡的平常心，我们觉得鸥鸟是需要招引和挽留的特殊资源和成果，而他们觉得野生动物本来就是生活中的一个平常元素，彼此靠近是极其自然的，和平共处是彼此的自由，不需要刻意地做什么，也没什么可借题发挥的。

“生态平衡”和“生物多样性”的概念被国内的大众所熟悉至少有近20年的历史了，但是我经常困惑为什么记者和科普工作者那样的知识群体还继续欣喜于只报告动物数量而不是种类的增加？大概是数量的增加更容易被大家看到，而种类的增加要付出的代价更大，不但要认真地调查，还必须要有生态环境质量的实质性改善那样的长期努力，才能招引更多不同种类的野生动物；相比之下，只要提供足够的食物，经常不需要环境实质改善作为前提条件，就能够让个别种类的动物短期内迅速增加至泛滥的程度。

从生态学的角度上讲，伴随着种类减少的野生动物数量增加是一种生物多样性缺失，环境多元化调节功能丧失和资源呈现单调化的趋势，是环境恶化前的“回光返照”，应该引起足够的警惕和重视才对，为什么还要屡屡以“祥瑞”的形式向公众报喜呢?

有必要向感兴趣的朋友们重申“平衡”的概念。中医理论强调人体的阴阳平衡才是健康，社会生活中男女数量大致相等才算正常，也就是说，事物总是存在对立统一的两个方面，只有两方面达到均衡的状态，才能保持稳定。生态环境的稳定也是如此，每个物种都要制约别的物种，同时又被别的物种所制约。假如草原上只有大量的羊而没有吃羊的狼，羊会大量繁殖，最终多得可以吃掉所有的草，而后羊就会饿死；假如草原上只有狼而没有羊，狼会因为吃不到肉而饿死；如果羊多狼少，食物丰富的狼会迅速繁殖，直到羊的数量正好够狼吃，接着因为羊的数量减少而迫使狼的繁殖速度减慢。当达到草原上的羊正好可以既不被狼消灭，又不会把草吃光，狼既不会饿死，也没有条件大量繁殖的时候，就出现了羊和狼都能生存的平衡局面：羊依然被狼捕食，但来得及靠繁殖来补充；草也依然被羊吃掉，但在一部分草被吃后，新的草来得及长出来。孩子们的应用题中也有这样的例子，一根管子向水池外放水，另一根管子向水池中注水，当放水和注水的流量相等时，水池中总能够保持不变的水位，水位虽然不变，但其中的水是不断流动的，这就是跟生态平衡原理相似的动态平衡。如果我们欣喜地报告"有大量水流出"的同时，见不到大量的水流入，我们的水池还能有多长时间的水可流呢？同样，我们只看到动物数量的大量增加，却看不到环境是否有了哪些实质的改善，不分析动物增加的原因，不考虑那么多的动物靠什么东西养活，过多的动物会不会给环境带来压力，想一想它们会不会像人类那样挤占本来属于其他动物的资源，造成生态上的失衡乃至崩溃，却过早地乐观起来，我们为什么那么容易就被局部片面的表象所欺骗呢？是不是我们太希望找到"我们并没有过错"的证据，就像古代帝王那样，要找一种"祥瑞"来粉饰自己的"德政"？

第三节　老虎吃熊猫怎么办——人类对自然的干预

女儿小时候，我有一次给她讲动物故事，当说到老虎和熊猫都是受保护的动物时，孩子问我：

"如果老虎要吃熊猫，那该怎么办？"

读者朋友们，你们会如何回答这样的问题呢？或许有这样的回答：

【答案一】"老虎和熊猫生活在不同的环境里，它们不会见面，那样的情况不存在。"

【我的分析】这两种动物虽然生活在不同的生态环境中，但是由于我们对自然的人为干预，特别是我们的一些违背自然的做法，或者是出于不得已的易地保护，它们仍有可能被迫在同一个地区生活，譬如说我们仅剩一块可供它们栖息的庇护地，除了把它们都放进去，我们还能做什么？另一方面，"老虎吃熊猫"也可以进一步理解为两种受保护动物之间发生的冲突，所以我认为“答案一”回避了问题的关键，不令人满意。

【答案二】“熊猫是国宝，在价值上比老虎珍贵，应该赶走老虎，保护熊猫。”

【我的分析】给这种答案的人有经商的头脑，因为他们懂得比较价值的大小，权衡得失。比较勉强的是，动物的生态价值很难用量化的金钱来衡量，不是所有的动物都会明码标价供人比较、选择的，但是至少这样的答案涉及了处理的办法，应该给比“答案一”更高的分数，“答案二”的分数扣在用人的经济价值观衡量具有生态价值的动物，有失客观。

【答案三】“把其中的一种动物关起来，不让它们中的任何一方受到伤害。”

【我的分析】这种回答的出发点很好，希望能够两全，但是人为的干预必定使其中的一方或双方都受到伤害，更吃亏的可能是被关起来的那一方，因此不能算是很公允的做法。

【答案四】“不加干预，熊猫能逃命就活下来，否则就接受自然选择。”

【我的分析】我很欣赏持这种观点的人对自然的尊重态度。捕食和被捕食本来就是动物进行自然选择的主要方式，我们的干预常常不能把握恰当的分寸，致令事态朝着我们希望而不是本来应有的方向发展，不加干预是最合理的做法，保护的措施是相对的，不把我们的主观意愿强加进去才是最好的，我们没必要在我们不太懂的事情上做裁判。

以上是我后来设想的几种答案，在当时，我的回答是：

“我不知道该怎么办。”

现在，我依然为这个有损于自己在孩子心目中“博学”形象的回答感到满意，因为这是我觉得最真实的回答，如果孩子长大后依然记得那一天所提的问题，她会学会自己去思考。

我们在保护野生动物的过程中，总会下意识地把自己的价值观融入到行为方式中，但是我们的价值观是否满足野生动物真实客观的需要，我们其实并不清楚。我们在建设一个保护区时，经常会投入一些资金，用于改善动物在其中的生存状况，譬如在冬天增设额外的饲料投喂点，用GPS追踪它们的动向，随时准备施以援手等，这样做的结果是，一些动物被我们照顾得很好，但不可避免地被我们驯化了，在野外的觅食和防御能力都变弱，如果把它们转移到缺乏保护的地区，它们的生活质量就会不可避免地下降。要使自然环境回归其本来面目，其实不需要人的帮忙，我们只需要退出就可以了，在真正的无人区内生活的动物才是最真实、自然的。野生动物不要按人类的方式生活，我们的价值观对它们的指导意义并不大。

我们在保护环境的行动中，“什么也不做”其实就是最好的行动，我们不是自然之师，不需要指导自然界按怎样的规则和秩序运行，对于自然，我们的态度应该是，既不要破坏它，也不要修补它，更别去改造它，“顺其自然”这四个字用在这里最恰当。别以为“什么也不做”就是消极的，因为我们总是忍不住要做些什么，由于我们的浅薄，难免要做出一些画蛇添足、吃力不讨好的事情来，反而起到消极的作用。不懂装懂导致的后果，有时比“什么也不做”更严重。在自然面前不胡乱作为，是我们尊重自然的应有的态度，收敛起我们的价值观和表现欲，要做到“什么也不做”，其实比“指手画脚”更困难。

第四节　动物园的变迁

动物园是我们大多数人认识野生动物的一个主要窗口，对于科研人员来讲，它是动物的“活标本馆”，而对于生态学家来讲，它是野生动物的避难所和“临终关怀医院”，有许多种动物的最后灭绝，是在动物园被见证到的。

动物园绝不是动物的乐园。虽然有的动物种群是在动物园得到拯救和恢复的，但那是基于野外原始栖息地的丧失和原始生存条件实质性缺失的无奈情况之下的，因为动物园要在有限的面积内收容种类繁多的动物，因此每只动物能得到的空间和其他生存资源至多只能是象征性的，它们完全要依赖极端的生存条件——人类专门准备的饲料而存活。那些在动物园环境中出生和长大的动物，在行为方式方面与它们的同类在原始环境中的行为有很大差别，如果将来它们有机会回归自然，几乎都必须先经过一个野化适应的阶段，这本身就已经说明它们在动物园中的生活是非自然的、不真实的。

动物园的前身是帝王收集动物的私家苑囿，尔后逐渐成为公众认识动物、传播动物科普知识的场所，不管怎样，动物园占地有限，收集动物众多的性质决定了它无论怎样经营，都只能成为以展览动物为主要功能的机构，即使是只收集某一类型动物的主题动物园，仍然不能摆脱在种类收集中求全不避杂的观念，鉴于自然状态下不可能有那么多不同种类的野生动物生活在环境条件相同（或相似）的地方，因而它不可能成为“真实自然的翻版”。把动物园当作野生动物的理想归宿的想法是不切实际的，要了解真正的野生动物，唯有走到自然中去。

欧美的城市动物园出于改善展览动物福利的目的，把原来的铁笼子改造成形式更接近自然的隔离形式，减少了封闭感，也给游客创造了更好的视觉空间，有较大场地的动物园采取了动物散放、游人乘车参观的全新游览方式，此举本来只是使传统的笼舍看起来更隐蔽，或者尽可能地在有限的空间里，多让空间给动物，改善其生存质量，可是我们把那样的形式引进到国内后，名称也翻译解释成时髦的“野生动物园”，仿佛我们原来的城市动物园关养的不是野生动物。

“野生动物园”刚开始在国内大陆出现时，赢得了很好的经济效益，因为国人确实也喜欢这种对游客和动物都好的参观形式，大家都乐意多花钱体验一下“人在笼中看动物”的新鲜感觉。野生动物园在早期经营上的成功，刺激了国内一向惨淡经营的城市动物园行业，于是大家竞相模仿这种能赚钱的动物园模式，短短几年，深圳、上海、北京、成都、宁波、重庆……各地的野生动物园如雨后春笋般纷纷涌现。

各级地方政府本来正为动物园这个面子工程每年需要财政扶持而犯愁，听说野生动物园不但不赔钱，还能赚钱，于是闻风而动，纷纷将本地的动物园“断奶”——推向市场，要求它们在经济上独立，自负盈亏（实际上，几乎所有的西方动物园都不赚钱，作为一种全民文化工程，政府拨款和社会赞助构成了经费的主要来源）。这样一来，把以科普宣传教育为经营主旨的动物园逼向一个绞尽脑汁搞创收的角落，为了不亏本，只好做起儿童乐园、游乐场、马戏团那样不伦不类的“三产”，国内的城市动物园在搞活的政策压力下，几乎都陷入了困境。占着地皮不赚钱的动物园又被地产商打上了主意，于是城市动物园在一片“迁址”的呼声中迁到了离城数十千米外的远郊，腾出市区的黄金宝地搞开发，不适应新环境的动物出现大批死亡，游客则对高额的门票和遥远的路途望而却步，屋漏偏遇连夜雨，苦不堪言。

就像所有一哄而上赶时髦的事物一样，野生动物园的动物展示模式很快被大众所冷落，经营也一落千丈，经济效益大跳水，资不抵债的野生动物园不在少数。最苦的还是那些动物，本来指望充门面而四方搜罗来的珍禽异兽现在却成了某些野生动物园雪上加霜的吞钱机器（因为每天还要喂食养活它们），动物因营养不良而饥饿致死的现状也时有出现。

我真不忍再写下去了。把动物园当成动物乐园本来已经不妥，再欲将其变成赚钱工具就更是不堪，动物园近年来在国内的变迁经历说明国人根本没有从观念上改变对野生动物的看法，依然把它们等同于马戏团的表演动物，当作娱乐和赚钱的工具，真担心有朝一日，大多数的动物园连原来有限的展示动物的功能都会丧失，动物在动物园内尚且如此，我们还敢说野生动物受到了我们的保护吗？

依然相信神话的时代

（代结束语）

我曾经不厌其烦地向别人解释宠物和野生动物的区别，宣传猫头鹰不是凶鸟，苦劝朋友放了他用高价购买来的野鸟，后来逐渐感觉到，我们所缺乏的并不是认识自然界每一种动物的能力，而是客观认识自然的心态。我们有时候会从书本和电视上了解野生动物的知识，然而却使我们成为更有经验的猎人和食客，我的那位朋友所担心的“饮食文化消亡”的情形并没有出现，因为野味依然在各地卖得很火。

我们怎么了？《野生动物保护法》颁布已经20年，除了大熊猫、朱鹮、华南虎等少数“热点”，我看不到大众对其他野生动物有认识上的大幅改变，仿佛有一堵无形的墙挡在我们面前，一方面我们经常把野生动物保护工作中专业知识和人才缺乏挂在嘴边，另一方面许多从业人员钻研业务的风气却没有养成，对专业知识的了解甚至不如对野生动物感兴趣的少儿和“外行”。

神话积淀在我们的头脑中，以至于大家很难用科学的知识去改变多年养成的惯性思维，只有相对容易接受新概念的孩子们才会主动用科学知识装备自己，但是为了迎合孩子们喜欢情节性强的故事，以及他们习惯用卡通式的夸张眼光看待世界的特点，给孩子们看的书往往被写成新式童话，于是孩子们接受的知识中不可避免地掺入了许多不真实的想象元素。

我一直试图写些适合成年人看的动物科普读物，竭力补上少儿科普读物过于主观与浅显，无法客观反映野生动物世界中严肃主题的空缺，这种在内容和形式上注定不被商品化市场看好的小小读物要触动被神话和传说笼罩数千年的金钟罩是极其困难的，但是我依然顽固地决定用这样的小小飞蛾挑战熊熊的大火，希望以后会有更多持有相同信念的人“孵育”出更多的“飞蛾”，当大家的力量积聚到一定的程度时，相信无数的飞蛾翅膀一定会带来清凉的空气。

中国的老百姓对动物的感情是淳朴的，我们喜欢动物，并不忌讳谈论它们的美味；我们敢于把自家的宠物当成自己的孩子，不忌讳别人称自己为“犬爸”、“猫妈”；我们同时也是虔诚的信徒，笃信老祖宗关于动物的各种传说，不忌讳别人说我们迷信……

动物在大家的眼里有着丰富但不真实的色彩，我希望这些七拼八凑的文字，起到类似Photoshop（电脑图像处理软件）中的“海绵擦”的作用，吸掉野生动物身上以往被我们的想象涂抹的过多色彩，把那些绚丽的色彩还给我们的内心，让素色的野生动物们依然生活在它们宁静而平常的自然环境中。

这篇文字收尾之际，我还要提到一点，我曾在中央电视台的节目中看到许多人自掏腰包，不辞辛苦地顶着寒风，用五花八门的饲料喂养北京香山孔雀园里被遗弃的一百六十多只蓝孔雀和珍珠鸡。我不忍心在“网上”告诉他们，那些动物跟我们的鸡鸭只是在外形上有所不同，其实已经是家禽，在这样的时候，对待动物的悲悯之心比专业的理性更显珍贵。因为有了这样的热心人，让我们看到希望，向他们致敬！

这是个人们依然相信神话的时代，你看那些生活在寺庙周围的野生动物们借助人们在信仰上的虔诚，借助神话传说的威力，常常可以不用担心受到伤害。原来，我们在离心灵很近的地方，其实都保留了原始的率真，保留了可以和其他生命形式和平相处的一片沃土。或许我们的老百姓真的不需要太多、太专业的动物知识，就像没有读过社会学的人们依然可以有和睦的家庭，融洽的人际关系，只要保留了一颗仁慈和恬淡之心，我们就会用真情对待周围的一切，哪怕那只是一株小草，或是上面的一只小小的虫子。

王金美

2011年10月